JN441376

안전시스템의 과거와 미래

# 안전 패러다임의 전환 Ⅱ

FRAM : the Functional Resonance Analysis Method

Erik Hollnagel 지음
함동한 감수
홍성현 옮김

# 프롤로그

기능공명분석기법(The Functional Resonance Analysis Method, 이하 FRAM)은, 어떤 면에서는 그 자체가 기술하고자 하는 것, 즉 명확하게 확인된 원인 없이 때때로 일어나는 것들을 표현하는 것이다. 대륙간 탄도 미사일의 안전성을 보증하기 위해 1962년에 개발된 고장수목(Fault Tree)이나 1979년 Three Mile섬에서의 사고를 계기로 개발된 수많은 제1세대 인간신뢰도 분석기법(HRA)과 같이 다른 여러 안전평가방법과는 대조적으로 FRAM은 불확실한 배경, 혹은 혼란한 상태에서 생겨난 것으로 생각한다.

FRAM의 기본 원리에 대해 최초로 일관된 설명을 한 것은 Hollnagel, E.(2004), *Barriers and accident prevention*, Farnham : Ashgate에서지만, FRAM의 아이디어는 Linköping대학에서 행해진 여러 강의의 일부로써 그보다 수년 전부터 존재하고 있었다. 뒤늦게 생각해 보면 4개의 주요한 영감의 근원이 된 것이 있었고, 그것들은 Floyd Allport의 사건-구조에 관한 1954년의 논문, Margoroh Maruyama의 제2의 인공두뇌학에 관한 1963년의 논문, 구조적 분석·설계기법에 관한 여러 가지의 서술 및 1996년 *New Scientist*의 기사로 실렸던 확률적 공명의 개념이다. 거기에 더 추가해야 할 것으로 안전문제에서 다루어야 될 방법, 특히 사고와 사건에 관해 설명되는 방법에 대해 지금도 계속해서 높아져만 가는 불만을 들 수 있다. 많은 동료들과 공유했던 이러한 불만족이 Resilience Engineering의 개발 동기도 되었지만 또 다른 이야기가 될 듯하다.

FRAM의 사고방식은 처음부터 호평을 받아, 2004년에 발간된 저서로부터 오늘날까지 계속되고 있는 기법의 개발은 수많은 사람들로부터의 흥미, 의문, 기여가 없었다면 이루어질 수 없었을 것이다. 그 모든 분들의 이름을 거론하는 것은 불가능하겠지만 이 기회를 빌려 하기 분들께 감사를 표하고자 한다(알파벳 순).

Karen Cardiff, Pedro Ferreira, Ivonne Herrera, Akinori Komatsubara, Jörg Leonhardt, Luigi Macchi, Elaine Pelletier, Shawn Pruchnicki, Rob Robson, Gunilla Sundström, Sebastien Travadel, Camilla Tveiten, Rogier Woltjer, Denis Besnard, 그리고 모든 FRAMily(FRAM family).

여기에 이름이 거론되지 않은 많은 분들께 깊이 사과드린다.

Erik Hollnagel

# 축 사

우리나라는 2016년 현재 분명 당당한 선진국 반열에 올라 있으나 유독 안전에 관한 한 전혀 경제적·문화적 위상에 걸맞지 않는 취약한 모습을 보이고 있다. 특히 시스템적 안전에서의 난맥상은 뚜렷한 처방조차 찾지 못하고 있는 듯하다.

이런 취약점은 안전 시스템에 대한 이해의 부족이 적절한 대응 관리를 막고 있기 때문이며 그 중심에는 사고를 겪으면서도 그 사고에 대한 정확한 분석을 하지 못하고 있다는 약점이 도사리고 있다. 실제로 한국의 각종 사고에 대한 조사 분석 활동과 보고서, 그리고 그 공개 상황은 북미와 유럽, 일본 등 여타 선진국에 비해 민망할 정도의 수준에 머무르고 있다. 이 문제를 해결하기 위하여 정부에서도 여러 가지로 노력하고 있는 이 시기에 인지공학의 대가이며 시스템 안전분석의 선도적 연구자인 홀나겔 박사의 FRAM(Functional Resonance Analysis Method) 저서가 한 뜻있는 연구자의 열정에 의해 번역되어 소개된다는 것은 너무나도 반갑고 기꺼운 일이다. 더욱이 홍성현 사장은 활발한 국제적 사업가이면서 또한 박사과정 연구 중인 바쁜 와중에서도 사명감을 가지고 이 책을 번역하는 수고를 감수하신 데 대해 치하와 감사의 말씀을 드린다.

FRAM은 이 분야의 많은 연구자들에게 사고분석뿐 아니라 시스템 안전을 평가하는 데 있어서 개념적으로나 실무적 응용성에서도 가장 앞선 기법으로 받아들여지고 있으며, 많은 사고가 각국에서 이 방법으로 분석되고 있으며 과거의 방식으로 쉽게 규명하지 못하였던 시스템 약점들을 찾아내고 대응하는 데 활용되고 있다.

바라건대, 단지 책과 이론에서 이 FRAM 방법이 거론되는 것에 멈추지 않고 실제 한국에서 시스템 안전을 향상하고 사고분석 대응을 획기적으로 증진하는 뜻있는 시작이 되기를 기대한다.

KAIST 지식서비스공학과 교수
윤 완 철

# 차 례

CHAPTER 01

# 필요성

거의 모든 설계는 설계되는 시스템의 행위를
완벽하게 이해하지 못한 상태에서 이루어지는 것이다.
_Henry Petroski

## 1 (상대적) 무지의 상태

시스템을 설계할 때에 가장 초기 단계에서부터 그것이 어떻게 기능할 것인지를 알아야 할 필요성이 있다. 사실, 시스템을 설계하는 그 이유는 의도했던 기능을 제공하는 인공물을 만드는 것이다. Henry Petroski의 '설계 패러다임'(위에 기술한 명문발췌)에 관한 책의 주제는 공학설계(engineering design)로, 거기에 나와 있는 수많은 예는 다리와 같은 물리적 구조물이며, 정적 시스템이다. 다리의 '행위'는 외관적으로는 단순하다. 그것은 거기에 존재하고 그것을 사용하는 누구라도 혹은 무엇이라도 안전하게 통행할 수 있도록 자신의 구조를 유지하는 것이다. 그러나 이 경우에서조차 구조물 붕괴의 다수의 예에서 나타나듯이 일어날 수 있을지도 모르는 것들에 대해 잘 모르는 '상대적 무지(relative ignorance)'가 있다.

설계는 완전한 지식을 필요로 하지는 않을지 모르지만 적어도 수용 가능한 무지를 필요로 한다. 부분적인 무지는 이론적으로나 현실적으로도 피할 수 없으나, 그 결과가 눈에 띄지 않을 정도로 적어지도록 해야 한다. 다시 말해, 우리들이 구축한 시스템은 그것들이 행해질 때 기대하는 것들이 행해져서 의도한대로 신뢰성 높게 기능하고, 기대하지 않은 것들은 아무것도 일어나지 않는다는 것을 합리적으로 확신할 수 있어야 한다. 다리의 경우라면 후자는 붕괴나 전도를 의미한다. 그러나 Dee bridge재해(1847)

부터 TACOMA해협교의 극적인 붕괴(1940), 또 최근에는 미시시피강의 I-35W교의 실패(2007)까지 역사적으로도 수많은 사고 사례가 있다.

## 1) 무지의 이유

이 상대적 무지는 몇 가지의 이유가 있다. 첫째 재료 특성을 충분히 알지 못하는 것. 즉, 극한 조건(압력, 온도, 바람 등) 하에서 재료가 어떻게 변화하는지 또는 시간의 진행에 따라 어떤 상태가 되는지(노화, 열화 등)와 같이 잘 알 수 없는 요소들이 존재한다. 두 번째는 시스템이 어떤 외적 조건에 노출되는지가 불확실하기 때문이다. 다리의 경우 날씨, 대기 중 화학 물질의 변화, 유지 보수의 질, 고객 특성의 변화(예를 들어, 더 무거운 자동차가 통과하거나 교통량이 더 많아지는) 등이 있다. 세 번째 이유는 일이라는 것이 대부분 불충분한 시간과 정보 및 자원이라는 조건 아래에서 이루어지기 때문이다. 그것은 사소한 위안에 지나지 않겠지만 우리들이 확실하게 알 수 있는 유일한 것은 우리가 생각하지 못한 일들이 일어날 수 있다는 것뿐이다.

구조물이나 정적 시스템에 비해 동적 시스템에서는 시스템의 전체적 행위를 이해하는 것이 훨씬 더 어려워서 상대적 무지가 더 커지게 된다(지금까지 우리는 명목상, 예를 들어 다리로써의 다리라는 기술 시스템에 대해서만 언급해 왔다는 점에 주의할 필요가 있지만, 여기에서도 사회 시스템의 영향은 명확하다. 예를 들어 기술 시스템이 얼마만큼 잘 유지되는가, 기기가 얼마나 그 사양이나 필요조건에 적합한 것인가, 시스템이 얼마나 잘 설계되어 구축되어 있는가 등). 동적 시스템에 대해서는 시스템 부분 및 구성요소의 상태 및 상호간 의존관계에 대해서도 고려해야 할 필요가 있다. 에너지와 정보는 공급되고 질량과 물질은 움직이거나 변하며 물체는 변형된다. 여기에 상대적인 무지를 포함하여 문자 그대로 무수한 상호 의존성이 만들어진다. 그럼에도 시스템이 그 목적을 달성하기 위해서는 그러한 의존성들이 계획된 대로 작용하지 않으면 안 된다. 그러나 순수한 기술적 시스템에서조차 모든 가능한 조합 내지는 의존관계의 결과를 예측한다는 것이 불가능해서 놀라게 되는 많은 현상이 실제적으로 발생하게 된다.

## 2) 무지, 위험과 안전성

위에서 설명한 상대적 무지의 개념은 기술 시스템의 설계뿐만 아니라 사고 조사나 위험평가에도 그대로 적용된다. 사실상 모든 사고 조사와 위험평가는 분석 대상의 시스템 행위 전체에 관하여 상대적인 무지의 상태로 행해지고 있고, 경우에 따라서는 전형적인 행위도 제대로 이해하지 못한 상태에서 이루어진다.

사건 조사에 관하여 무엇이 일어났는가에 대한 필요한 모든 정보를 얻을 수 있는 경우는 그다지 많지 않다. 한 가지 이유는 정보의 탐색이 선입견이나 현실적인 제약으로부터 영향을 받는다는 점이다. 그러한 선입견 중 하나로 '당신이 찾고 있는 것을 발견한다(WYLFIWYF : What－You－Look－For－Is－What－You－Find)'는 이론이 있으며 이것은 우리가 중요하다고 가정한 것을 찾는다는 것을 의미한다. 따라서 우리가 운 좋게 알게 되는 것을 제외하면 찾지 않는 것은 어느 것도 발견할 수 없게 된다. 또 다른 선입견은 '이해의 착각(illusory comprehension)'이다. 우리가 인과관계를 암시하는 모든 기존의 설명체제 내에 발생한 사건을 무리하게 넣는 것은 실제로는 존재하지 않을지도 모르는 것을 인과관계로 본다는 것을 의미한다. 현실의 제약 안에서 너무 빈번한 것이 시간 부족이다. 받아들일 수 있는 설명이 발견되면 설령 그것이 불완전하거나 올바르지 않아도 그 이상의 정보 탐색을 멈춰버리게 된다.

위험 평가에 관련한 무지의 한 가지 원인은 미래에 일어날 일에 대한 피할 수 없는 불확실성이다. 수많은 철학자들에 의해 지적되고, 정치가에 의해 여러 차례 반복된 한 가지 견해로 인해 미래에 무엇이 일어날지를 우리가 확실하게 아는 것은 불가능하다는 것이다. 덴마크 철학자 Søren Kierkegaard(1813～1855)는 인생은 되돌아보는 것만으로도 이해될 수 있지만 우리는 앞을 향하여 살아야 한다고 기록했다. Samuel Coleridge (1772～1834)는 '경험이 우리에게 주는 빛은, 우리 등 뒤의 파도 위에서만 빛나는 선미의 등불이다.'라고 다소 시적으로 표현하였다. 두 번째 무지의 원인은 우리가 이용하고 있는 대부분의 모델이나 표현은 너무 간소화되어 있기 때문에 그것들의 타당성이 의심스럽다는 것이다. 예를 들어, 사건수목(event tree)에서는 선택된 표현원리(2분기)가 현실의 받아들일 수 있는 표현이라고 가정되지만, 사실은 명백히 그렇지 않다. 실패와 성공의 차이는 절대적이라기보다는 상대적이며 또 상황은 기대하던 대로는 좀

처럼 전개되지 않는다. 세 번째 무지의 원인은 어떤 부분은 타고난 것이기도 하고, 또 익숙함과 습관으로부터 오는 상상력의 결여 때문이다. 교과서적인 예 중 하나로 Alan Greenspan에 의한 2008년의 금융위기에 대한 묘사이다. '백년에 한번 금융 쓰나미… 그것은 내가 상상했던 어떤 것보다도 훨씬 광범위한 것이었다.'

## 2 무지, 복잡성 및 취급의 어려움

미래에 대한 무지(어느 정도는 과거에 대한 무지도 있지만)는 때로는 우리가 다루는 시스템의 복잡성 정도 또는 단순히 '현대' 시스템은 복잡하다 또는 복잡해지고 있다고 알려진 사실의 정도에 기인한다. 그러나 복잡성은 다음과 같은 정의가 나타내듯이 명확하게 정의된 개념은 아니다.

- 수리적 복잡성(Mathematical complexity) : 단순한 분석적·논리적 방법으로 이해하기에는 너무 많은 요소나 관계성이 있을 때, 시스템이 떠맡을 수 있는 상태의 수를 재는 기준이다.
- 실용적 복잡성(Pragmatic complexity) : 어떤 기술 또는 시스템이 많은 변수를 가진 것을 의미한다.
- 동적 복잡성(Dynamic complexity) : 원인과 결과의 관계가 애매하고 중재의 시간 효과가 분명하지 않을 때의 상황을 가리킨다.
- 존재론적 복잡성(Ontological complexity) : 시스템이 어떻게 기술되는가와 무관하게 시스템의 복잡성에 대해 언급하는 것은 불가능하기 때문에 과학적으로 발견 가능한 의미를 갖지 않는다.
- 인식론적 복잡성(Epistemological complexity) : 시스템을 공간적·시간적으로 충분히 기술하기 위해 필요한 매개변수의 수로써 정의할 수 있다. 인식론적 측면은 분해되고 반복적으로 해석할 수 있지만, 존재론적 측면에서는 그럴 수 없다.

다루는 시스템이 복잡하기 때문에 상대적 무지상태에 있는 것인지, 또는 시스템에 대해 완전한 지식을 갖고 있지 않기 때문에 —아마 가질 수도 없고— 시스템이 복잡하다고 하는 것인지를 물어볼 수도 있다.

우리는 기술적 시스템에 대해서는 기본적으로 완전한 지식을 가질 수 있다는 희망을 갖지만(소프트웨어의 예측 불가능한 변화만 없다면), 사회－기술적 시스템(socio－technical systems)의 경우에는 그와 같은 낙관주의는 없다. 무지는 인생의 현실이며, 시공간상에서 인생의 변수가 무엇인가를 설령 알고 있다고 해도, 그 변수를 충분히 정의, 또는 서술할 수는 없기 때문이다. 그 주된 이유는 변수가 너무 많다기보다는 오히려 시스템이 동적으로 항상 변화하고 있기 때문이다.

시스템을 이해할 수 있게 하기 위해서는 시스템 '내부'에서 무엇이 일어나고 있는지를 알 필요가 있다. 즉, 시스템과 그 기능을 충분하고 명확하게 설명하거나 그 사양을 서술할 필요가 있다. 시스템을 해석하고 그 위험을 평가할 때에도 마찬가지이다. 이것은 반대의 경우를 생각해보면 명확해진다. 시스템과 그 기능을 명확하게 설명하거나 그 사양을 서술하는 것이 불가능하다면, 또 '내부'에 무슨 일이 일어나고 있는지는 알 수 없다면, 시스템을 충분히 이해하는 것이 불가능하다는 것은 자명하며 따라서 사고조사나 위험평가를 하는 것도 불가능하다.

(상대적) 무지의 존재는 확립된 안전평가 방법의 가정에 모순된다. 이러한 가정은 1950년대 말 대규모 기술 시스템을 위해 최초의 안전평가방법이 개발된 이후 계속 이어져 오고 있다. 이러한 근본적 가정은 명확하게 언급되지는 않지만 FMEA(Failure Mode and Effects Analysis), HAZOP(Hazard and Operability Study), 고장수목(Fault Tree) 등의 확립된 방법을 보면 쉽게 인식할 수 있다. 주요한 가정은 이하 4가지이다.

- 시스템은 의미 있는 요소(부분 또는 일반적 부품)로 분해할 수 있다. 유사하게, 사건도 개별적 단계 또는 행위로 분해할 수 있다(이 분해 원리는, 전체는 부분의 합보다 많다는 전체론적 원리와는 물론 모순된다).
- 부분이나 부품은 작동하거나 고장나는데, 후자의 경우, 고장 확률은 부분이나 부품 개별적으로 분석되고 설명될 수 있다. 이것은 인적오류의 분류와 발생 확률에 주목하는 논리적 근거의 일부분이다.

- 사건의 시퀀스나 순서는 선택한 표현에 의한 설명에 따라 사전에 정의, 확정할 수 있다. 사건의 다른 시퀀스를 고려할 필요가 생기면 새롭게 설명한다. 예를 들어, 새로운 사건수목이나 고장수목 등을 작성한다.
- 사건의 조합은 순서가 있고 선형이다. 표준적인 논리기호로 설명될 수 있고, 출력은 입력에 비례한다.

이러한 가정은 기술적 시스템에는 유효할지 모르나 사회 시스템이나 조직, 인간행동에 적용할 수 있을지는 매우 의문이다. 대상이 되는 시스템이 완전히 기술될 수 있음을 가정하는 모델이나 방법은 그러한 가정 때문에 사회-기술적 시스템에는 적용될 수 없고, 또 사고분석이나 위험평가에도 적용할 수 없다. 완전하게 기술될 수 없거나 명시될 수 없는 시스템에 대해 적용 가능한 방법이나 접근방식을 찾아야 할 필요가 있다. [표 1.1]에 비교한 것처럼 다루기 쉬운 시스템(tractable system)과 다루기 어려운 시스템(intractable system)의 두 종류 시스템이 있다.

다루기 쉬운 시스템과 다루기 어려운 시스템의 차이는 두 가지 예로 나타낸다. 우선 자동차의 조립라인과 같은 다루기 쉬운 시스템을 생각해 보자. 소수의 세부사항으로 설명은(상대적으로) 간단하다. 작업은 꼼꼼하게 계획된 스케줄이 짜여 있기 때문에 가능한 한 효율적으로 고품질의 차를 만드는 것이 가능하다. 변화율은 낮고 통상 계획적인 개입에 의한 결과이다. 작업은 주로 반복적이며 일정하고 일률적이다. 그 결과 이해도는 높고, 즉 상세하게 이해할 수 없는 것이 있다고 하더라도 극히 적다. 그러므로 시스템은 다루기 쉽고 아주 세부적인 부분까지 정의할 수 있고 시스템을 보다 잘 이해하기 위해서 분해하는 것이 자연스러운 접근방식이다.

**[표 1.1] 다루기 쉬운 시스템과 어려운 시스템**

| | 다루기 쉬운 시스템 | 다루기 어려운 시스템 |
|---|---|---|
| 세부사항의 수 | 소수의 세부사항과 간단한 설명 | 다수의 세부사항과 복잡한 설명 |
| 변화율 | 낮음 : 설명하는 동안 시스템은 변하지 않음 | 높음 : 설명이 끝나기 전 시스템이 변화함 |
| 이해용이성 | 시스템 작동원리는 완전하게 이해됨 | 시스템 작동원리는 부분적으로 불명확 |
| 프로세스의 특성 | 일정하고 규칙적 | 일정하지 않고 불규칙 |

다음으로 병원의 응급실(ER : Emergency Room)이나 어떤 분야라도 좋지만 긴급대책실과 같은 다루기 어려운 시스템을 생각해보자. 이러한 시스템을 설명하는 것은 복잡하고 어렵다. 작업은 반복적이지 않고 같은 상황은 두 번 일어나지 않기 때문이다. 다루기 어려운 시스템은 불균일하다. 변화율이 크고, 시스템의 움직임은 불규칙하며 불안정하다. 자동차의 조립라인과 달리 ER에서의 일은 계획하기 곤란하다. 언제 환자가 이송되어올지, 그 환자들의 수는 몇 명인지 또 그에 대해 어떻게 대응해야 좋을지를 미리 알 수 없기 때문이다. 그 결과, 모든 것은 상세하게 이해되지 않으므로 이해도가 낮다. 즉, 시스템은 다루기 어렵고 상세하게 설명하는 것도 불가능하기 때문에 분해하여 이해할 수 없다.

## 3 시스템 재정의

시스템은 통상 그 구조, 즉 그 구성요소와 그것들의 연결 또는 조합에 의해 정의된다. 일반적인 정의는, 시스템은 전체이며 상호 관련 있는 독립된 부분 또는 대상으로 구성되어 있다는 것을 강조한다. 이 형태의 정의에서는 시스템의 기능이 어떻게 발휘되는가를 이해하기 위해서 분해원리에 자연스럽게 의존하게 되고, 전체의 기능을 구성요소나 부분의 기능으로 설명한다. 물론, 전체는 부분의 총합보다 크다는 점에 주의하여야 한다. 그러나 다른 방법으로 시스템을 정의하는 것도 충분히 가능하다. 즉, 구성요소와 그 조합이 아닌, 시스템의 기능이 어떻게 발휘되는가의 관점에서 정의하는 것이다. 이 관점으로 보면, 시스템은 상호간의 결합, 의존하는 기능의 조합이다. 이것은 시스템의 특징적인 수행 즉, 기능의 집합은 모든 기능, 전체로써의 기능을 설명할 수 있지 않으면 이해할 수 없음을 의미한다. 이와 같이 시스템의 한계는 구조나 요소의 관계성(시스템 구성)에 근거하지 않는다. 예를 들어 조직은 그것이 무엇인지가 아니라 무엇을 하는가로 특징지을 수 있다. 마찬가지로 조직은 조직 내의 어떤 위치(조직도상이든 현실의 어떤 장소이든)에 놓인 사람이 아닌 그 사람들이 수행하는 기능으로 특징을 지을 수 있다. 기능적 관점에서 얻을 수 있는 한 가지 결과는 시스템과 그 환경의 구별, 즉 시스템의 경계는 그만큼 중요하지는 않다는 것이다 : 분석대상 기능(foreground functions)과 기능발휘에 영향을 미치는 배경적 기능(background functions)에 대해서는 5장 참조.

## 4 확률성에서 변동성으로

산업 안전의 역사에 있어 한 가지 중요한 진전은 1979년 Three Mile섬 원전사고를 계기로 생긴 전환이다. 이 사고를 기점으로 기술에만 초점을 두었던 것에서 인간의 행위와, 이러한 시스템적 안전사고 과정에 초점을 맞추게 되었다. 확립되어있던 안전대책으로 실패나 고장 확률을 계산할 필요가 있기 때문에 그것에 따라 '인적오류'의 발생확률을 계산하기 위해 많은 제안이 생겨났다.

간단히 말하자면, THERP(Technique for Human Error Rate Prediction)이나 HCR (Human Cognitive Reliability)로 대표되는 이른바 제1세대 인간신뢰도 분석기법(HRA : Human Reliability Assessment)에서는 인적오류 확률이 비록 외부의 인적 수행도 형성인자(PSF : Performance Shaping Factors)에 따라 변하게 되지만 그 확률을 계산하고 활용하는 것이 의미가 있다는 것에 모든 사람들이 동의하였다. 그럼에도 불구하고 제1세대 HRA에서는 인적오류 확률이 주목해야 할 '신호'이며, 행동 형성 요인의 영향은 '노이즈'였다. 이런 입장은 이른바 제2세대 인간신뢰도 분석기법에서 역전되게 된다. ATHEANA(A Technique for Human Error Analysis), CREAM(Cognitive Reliability and Error Analysis Method)나 MERMOS(Méthode d'Evaluation de la Realisations des Missions Opérateur pourla Sûreté)로 대표되는 제2세대 방법에서는 인적 수행도 조건의 영향이 가정된 인적오류 확률보다도 중요하다고 간주한다. 다시 말해, 행동 형성 요인의 영향이 '신호'로 되었고, 인적오류 확률이 '노이즈'가 되었다. 심지어 일부 방법에서는 인적오류의 개념조차 언급하지 않게 되었다.

인적 요소로부터 조직이나 안전문화로도 유사한 전환이 일어났다. 이것은 1980년대 중반에 일어났으며, 특히 1986년에 일어난 체르노빌 원전 사고와 우주왕복선 '첼린저호' 사고와 관련되어 있다. 안전의 기본적인 사고방식은 변하지 않지만 이러한 사고를 이해하기 위해서는 새로운 요소나 조건의 도입이 필요하게 되었다. 그러나 안전문화의 사고방식은 편리할지는 모르겠지만 실패 확률 계산에 조직을 포함시키기에는 곤란했다. 실제, '인적오류 확률'의 연구는 '조직 과오율' 또는 '조직 실패율' 연구로 보완되어 있지만 그렇게 직설적으로 표현된 것은 아니었으나 이렇게 표현함에 따라 '조직 실패율'의 개념에 의미가 없음이 명백해졌다. 조직은 요소와 같은 방식으로 기능하거나 실패하지 않는다. 즉 조직은 맞든지 틀리든지 두 모드의 원리로만 생각하는 것은 의미가 없다. 사실, 조직이나 부서 또는 어떤 특정 역할을 요소와 같이 생각할 수는 없는 것이다.

HRA는 보통 '인적오류'의 발생 확률을 구하는 것이지만, 인간이 실패할지 아닐지 보다 어떤 특정의 기능을 가진 인간의 행동이 어떻게 그 목적 도달에 실패하였는가에 그 초점을 두었다. 그렇지만 현실에서는 HRA라는 용어는 과오율에 초점을 맞추고 있다고 오해받는다. 기술적 시스템의 경우 기능의 수행도를 시스템 구성요소의 상태와 유사한 의미로 보아도 괜찮지만 인간의 기능이나 사회-기술적 시스템 기능의 경우 반드시 그렇지는 않다. 관점의 차이는 시스템이 구조와 요소면에서라기보다 어떻게 기능하는가로 정의된다면 명확해진다. 이렇게 정의할 경우, 문제는 기능이 그 목적을 달성 하느냐 못하느냐이다. 그러나 이 문제는 시스템이 '정상' 상태이든지 '고장' 상태라든지의 문제로 단순화할 수 없고, 대신 이 문제는 기능 변동의 문제이며 기능이 존재하는 조건에 있어 결과가 받아들여질 수 있는지 아닌지의 문제이다. 우리가 변동성이라고 말하는 순간, 어떤 '실패'도 일시적이고 가역성이라고 인정하는 것이 된다. 결과적으로 우리는 시스템 행위의 변동이 어떤 것인지, 다기능의 변동이 어떻게 예기치 못하고, 대부분의 경우 바라지 않는 결과를 일으키는지를 이해하려고 노력해야 한다.

그러나 우리가 관심을 갖는 것은, 그것은 명확하기 때문에, 기능이 변동하느냐 않느냐가 아니다. 대신에 기능이 원하는 결과를 가져오지 못할 만큼 변동성이 큰지에 관심을 가져야 한다. 이것은 하나의 기능이 변동하거나 또는 —더 그럴 것 같고 더 중요하게— 다기능의 변동이 시간적, 공간적으로 조합된 것에 기인한다. 물론 (복잡한 사회-기술적 시스템에 있어서도) 하나의 기능(또는 하나의 행동) 변동이 크기 때문에 부정적 결과를 피하기 어려울 수도 있다. 그러나 그런 경우라도 기능이 실패했다든지 또는 요소나 독립체가 고장났다고 말하거나 그것이 발생된 혹은 미래에 발생할 수 있는 확률을 계산하는 것은 별로 의미가 없다. 대부분의 경우 (원하지 않는) 결과는 개별적 기능간의 상호작용이며 변동 효과의 조합이다. 그렇기 때문에, 변동의 가능성을 확인하고 그것이 어떻게 결합되어 강한 신호나 원하지 않는 효과를 일으킬지를 해석하고 그 방법을 찾아내는 것이 필요한 것이다.

## 5 결 론

사실상, 모든 사고 조사와 위험 평가는 시스템의 모든 행위에 관하여 상대적인 무지위에 행해진다. 이런 조건은 모든 위험평가에 대한 확립된 시도가 시스템과 시나리오를 자세하게 설명할 수 있는 것 즉, 시스템이 다루기 쉬울 것을 요구하고 있다는 것과 대조된다. 불행하게도, 모든 사회-기술적 시스템은 매우 다루기 어렵고 기존의 확립된 방법은 적합하지 못하다는 것을 의미한다. 시스템이 다루기 쉬워지도록 간단하게 기술하는 것으로 이러한 문제를 해결하는 것은 합리적이지 못하므로 다루기 힘든 시스템, 불완전하거나 애매한 설명밖에 할 수 없는 시스템에서도 사용할 수 있는 방법을 찾아야 할 필요가 있다.

Resilience Engineering은 그러한 방법의 기초를 제공하며, 특징적인 기능의 설명에서 시작하여 시스템이 반응하고 감시제어하며 학습하고 예상하는 능력을 강화하는 방법을 추구한다. 안전은 시스템이 가진 것(시스템의 구성요소)이 아닌 시스템이 하는 기능에 관련된 것이다. 따라서 실제로 시스템에서 발생하는 것에 초점을 둠으로써 피할 수 없는 상대적 무지의 폐해를 감소시킬 수 있다. 그러기 위해서는 가상의 작업이 아닌, 실제 실행되고 있는 작업을 설명할 수 있는 개념, 용어와 일련의 방법이 요구된다. FRAM은 이것을 위한 것이다.

## 제1장 논평

초반부의 인용은 Petroski, H.(1994), *Design Paradigms*, Cambridge University Press의 93페이지에서이다.

'WYLFIWYF(What－You－Look－For－Is－What－You－Find)' 이론의 표현은 Resilience Engineering workshop in Rio de Janeiro in December 2005에서 처음 있었다. 설명과 실례는, Lundberg, J., Rollenhagen, C. and Hollnagel, E.(2009), 'What－You－Look－For－Is－What－You－Find－The consequences of underlying accident models in eight accident investigation manuals', *safety Science*, 47, 1297～1311에서 찾아볼 수 있다.

Coleridge(1835)의 인용 전문은, '만약 인간이 역사에서 배우는 것이 가능하다면, 역사는 어떠한 교훈을 우리에게 가르치는 것인가! 정열과 파티는 우리를 눈멀게 하고, 경험이 우리에게 주는 빛은 단지 우리 뒤의 파도를 비추는 선미의 등불에 지나지 않는다'라는 Søren Kierkegaard가 쓴 '*Livet forstås baglænds, men må leves forlænds*' (1843)에서 인용하였다.

기술 시스템과 사회－기술적 시스템의 설계, 해석, 관리에 있어 상상력의 결여는 쉽게 재난을 초래할 수 있으며, 충분한 (또는 필요한) 상상력의 중요성을 너무 과장하는 것은 아니다. 최초의 논의는 Westrum, R.(1991), *Technologies and society : The Shaping of People and Things*, Belmont, CA : Wadsworth에서 볼 수 있다.

복잡한 시스템에 있어서 복잡성의 개념은 최신 기술의 이용이 왜 예기치 못한 사건으로 이어지는가를 '설명' 하기 위해 등장한 '획기적인 방안'과 같다. 과도한 희망의 환희가 될지도 모르지만 다수의 사람들이 이른바 복잡성의 과학에 매료되어 있는 듯하다. 복잡성에 대한 좋은 논의가 Pringle, J.W.S.(1951), 'On the parallel between learning andevolution', *Behaviour*, 3, 175～215에 기재되어 있다.

HRA의 모델 조사나 그 역사를 어느 정도 확인할 수 있는 여러 설명들이 있다. 그 예로써, Kirwan, B.(1994), *A Guide to Practical Human Reliability Assessment*, London : Taylor & Francis, 또는 Hollnagel, E.(1998), *Cognitive reliability and Error Analysis Method(CREAM)*, Oxford : Elsevier Science Ltd.가 있다.

CHAPTER 02

# 이론적 배경

우리 세계의 진정한 문제는 그것이 합리적인 세계가 아니라서도 아니고, 합리적인 세계라서도 아니다.
극히 공통된 문제는 세계가 거의 합리적이지만 완전히 합리적인 것은 아니라는 것이다.
인생은 비논리적인 것은 아니지만, 논리학자를 붙잡는 덫이다.
인생은 실제보다는 조금 더 수학적이고 규칙적으로 보인다.
그 정확성은 명확하지만 비정확성은 숨겨져 있다. 그 야생은 숨어서 기다리고…
_Chesterton, 1909

## 1 선형 사고의 당연성

행동이나 사건이 하나씩 순서대로 발생, 발전한다고 생각하는 것은 자연스러우며 대부분이 거부할 수 없는 것이다. 기술적 용어로는 이것을 선형 사고라고 부른다. 만약 시간을 아주 정밀하게 계측하는 것이 가능하다면, 물론 두 가지 사건은 동시에 발생할 수 없고, 순서대로 발생하는 것이 된다(물론 나 역시도 사건은 서로 간에 완전히 독립되어있는 것이 아니라, 같은 전개 또는 같은 상황의 어느 부분이라는 의미로 공유되어 있다고 생각하지만). 두 사건이 같은 해 같은 월, 일에 심지어 같은 시간에 발생하는 것이 있을 것이다. 그러나 시간적 분석이 향상됨에 따라 항상 사건을 전후에 놓을 수 있게 되었다. 그 좋은 예로써 100m 달리기 등의 스포츠에서의 시간 계측을 들 수 있다. 1920년대에는 1/10초의 단위 측정으로 충분했으나 최근에는 선수들의 순위를 결정하기 위해 1/1000초까지 계측되고 있다. 그러나 선형적 사고는 사건의 시간 관계뿐만이 아니라 사건의 원인－결과의 인과관계까지도 상정하고 있다. 물론 한 가지일이 다른 일을 불러일으킨다는 것은 직감적으로는 이해할 수 있는 것이다. 실제 그것은 우리주위의 세계를 다루고, 복잡한 기계를 만들고, 거대 산업 설비를 조작하는 우리 능력의 기초가 되는 것이다. 자동차의 시동키를 돌리면 엔진이 움직이기 시작하듯이 A가 일어나면 B가 일어나는 것을 알고 있다. 이와 같은 사고가 역방향으로도 적용된다.

무엇인가가 발생했을 때(결과), 우리는 그 바로 전에 무엇인가가 발생했다(원인)고 생각한다. 이 사고 방식은 서양문화의 가장 근간에서 찾아볼 수 있다. 그리스 Miletus의 Leucippus(약 BC 480～420)는 '어떠한 일도 이유 없이 일어나지 않고, 모든 것에는 어떠한 이유와 필요성을 기반으로 일어난다.'라고 했다. 거의 동시기에 Aristotle(BC 384～322)은 '사건들의 모든 원인은 처음에 있다. 우리가 원인을 알면 과학적 지식을 갖게 된다. 즉 사건의 존재를 아는 것은 그 존재 이유를 아는 것이다.'라고 기재하였다. 선형적 사고는 시스템을 설계, 제조할 때 사용될 뿐만 아니라 예상치 못한 일이 일어났을 때에도 사용된다. 무엇인가 잘못되었을 때, 그 이유를 발견할 수 있으며 어떠한 실패나 고장이 발생했기 때문에 기대하지 않았던 결과가 일어났다고 가정해보자. 이 사고 방식에서 우리는 도미노 모델이나 근본 원인 분석(Root Cause Analysis) 또는 인간 신뢰성 평가와 같이, 요소 및 요소의 실패나 고장에 주목한다. 이 단순한 사고법은 비교적 용이하게 기술 시스템을 이해할 수 있었던 19세기에는 합리적이었다. 시스템(기계)이 만들어졌을 때 최소한 그 기계가 어떻게 작동하는가에 대한 무지는 거의 없었다(재료나 화학의 역사가 입증하는 것처럼, 재료에는 숨겨진 리스크가 존재했을 수 있지만). 재료에 문제가 있어서 예상하지 못한 사태가 일어났던 때 조차, 원인은 이해 가능하고 단순한 원인이었으며, 어떠한 실패의 원인이 복잡한 구조로 되어 있었던 것은 아니다. 그러나 기술 시스템은 더 이상 쉽게 이해할 수 없고, 오늘날에는 기술 시스템보다 오히려 사회 기술 시스템을 다루어야 하기 때문에 이제는 단순한 선형적 사고법은 더 이상 합리적이지 않다.

## 2 단순한 선형적 사고

인간은 시간과 역사의 초기시점부터 자신의 주변을 이해하려고 해왔었다. 심리학자나 철학자가 항상 이야기하듯이, 우리는 확실성이나 제어감에 대해 욕구를 갖고 있다. 독일의 철학자 Friedrich Wilhelm Nietzsche는(1844～1900), 다음과 같이 표현했다.

> 어떤 모르는 것을 알기 위해 추적하는 것은 완화, 진정, 만족과 같은 느낌 이상의 힘이 생긴다. 위험, 불안, 근심은 미지를 동반하고, 첫 번째 본능은 이러한 괴로운 상태를 제거하는 것이다. 첫 번째 원칙 : 어떤 설명이라도 안하는 것보다는 낫다.

이것을 극복하기 위해서는 우리 주변에 일어나는 것의 설명에 이용되는 모델, 분류, 원칙, 개념이 현실과 일치해야 할 필요가 있다. 만일 우리 주변의 세계가 일정하고 안정되어 있다면, 점차 세밀한 상황의 이해가 깊어져 모든 것을 완벽하게 이해할 수 있게 되거나, 적어도 심각한 무지의 상태로는 되지 않을 것이다. 그러나 우리 주변의 세계는 안정적이지 않고 항상 변화하고 있다. 그 변화는 처음에는 많이 느렸었기 때문에 문제를 일으키는 것은 없었지만, 1950년대 이후, 그 변화는 급격하게, 그리고 점점 더 속도가 빨라지고 있으므로 이제 우리는 그 속도를 따라갈 수가 없다.

한 가지 이유는 인간이 보다 거대한 시스템을 구축하는 능력을 과신해버린 것에 있다. 그 기여 요인은 규모의 경제 '논리'였던 것은 틀림없다. 즉 기계와 시스템을 크게 만들면 만들수록 비용 효율이 좋아진다는 격언이다. 미항공우주국(NASA)이 이 원칙을 지지하기 위해 의심스런 명성을 쌓기 전까지 인간의 노력은 지난 수십 년간 항상 더 빠르고, 더 좋고, 더 저렴한 시스템을 위한 요구를 추구해왔다. 보다 빠르고 더 좋고 더 저렴한 시스템을 만들려는 압박은, 습관과 (조직적) 기억상실에서 오는 상상력의 결여와 맞물려, 1950년대에서 1980년대의 어느 시점에서 시스템의 거동을 정확하게 알 수 없는 한계점을 넘고 있었던 것이다. 그러나 우리는 그러한 시스템에 의존하여 살고 있으므로 그 발전을 멈출 방법은 없었다.

## 3 복잡한 선형적 사고

단순한 선형적 사고의 결점은 1970년대가 되어 일반에 공통적으로 이해되기 시작했다. 중대사건이 비교적 잘 통제되고 있는 작업환경에서조차 발생할 수 있고, 이러한 사건은 연속적으로 발생하고 병행적으로도 발생하는 다수의 사건순서를 종종 포함한다는 사실을 알게 되었다. 단순한 상황(이른바 단일 고장 판정기준)을 잘 다룰 수 있던 조직도 다수의 동시 고장에 대해서는 취약한 상태였다. 이런 것들을 다루기 위해서는 사고 조사, 위험 평가, 안전 관리가 단순한 선형적 사고를 넘어 조건이나 행위의 단순한 분류를 넘어야 했다. 실제로는 더 이전부터 그 변화의 필요성은 논의되어왔었다. 1956년에 Morris Schulzinger는 20년에 걸쳐 3만5천 건의 사고 연구를 요약하여 사고라는 것은 '동적이고 다양한 힘의 집합이 통합된 결과이며, 갑자기 예상하지 못한 제어 불능의 사고로 일어나게 된다.'라고 기재하고 있다.

이것은 다른 유사한 기술과 마찬가지로 그 유명한 스위스 치즈 모델(Swiss cheese model)이 똑같은 것을 지적하기 수십년 전부터 시퀀스는 복잡하며 상호간에 작용한다는 것을 지적하고 있다. 안전을 적절하게 이해하기 위해서 과거와 미래의 위험을 설명하는 방법으로써의 원인-결과의 단순한 시퀀스로는 더 이상 설명하기 어렵고, 기술, 심리, 조직, 환경, 시간적인 요소로 종합하는 것이 필요해진다. 이것은 최종적으로는 복수의 시퀀스와 잠재적 조건들을 포함한 모델과 방법으로 이어졌었지만, 방법의 개발은 실용적인 수요에 상당히 뒤쳐졌었다. 또한 모델의 기초는 순서와 인과관계를 포함한 선형적 사고에 머물러 있었다.

## 4 동적 시스템과 병렬적 전개

사고나 사건의 조사와 같이, 일이 잘못되어 그 이유를 이해하고자 할 때, 인간이 단순한 선형적 사고를 선호하는 심리적·철학적인 이유가 아마도 있을 것이다. 위험 평가에서처럼, 미래에 무엇이 일어날지에 대해 생각할 경우와 같이, 미래는 각 사건이 성공할지 실패할지, 전형적으로 사건의 연속으로써 표현된다. 표준화된 사건수목이 한 예이다.

한편, 인과관계의 가정으로부터 사건은 항상 시간적으로 순서대로 발생한다는 사실을 구별하는 것은 중요하다. 스코틀랜드의 철학자 David Hume이 260여년 전에 지적했듯이, 사건 A로 이어지는 사건 B는 시간적으로 순서대로임을 의미하지만, A가 B의 원인임을 의미하지는 않는다. 사건이 어떻게, 왜 발생하였는가를 이해하기 위해 어떻게 사건을 표현할지에 대한 문제는 심리학자뿐만이 아니라 오랜 세월에 걸쳐 고찰의 대상이었다. 심리학은 행동, 즉 사람들이 개별적으로 또는 집단적으로 무엇을 할 것인가라는 것을 연구하고, 관찰된 것에 대한 설명을 찾으려 했었다. 오랜 세월에 걸쳐, 지배적인 학설은, 인간과 다른 생물은 정확하거나 수학적으로조차 기술 가능한 방법으로, 주어진 조건이나 상황(자극)에 대해서 응답한다는 사고법이었다. 다른 말로, 행위, 사고, 감각을 포함한 행동이라는 것은 자극(원인)과 반응(결과)의 연결로 설명되고 묘사될 수 있었다. 이 행동주의 학파는, 20세기 초반에 널리 퍼졌고 최소 50년간이나 심리학의 주류였다. 그로 인해 행위를 정량화하는 전통이 확립되었고, 그것은 나중에 안전에 대한 공학적 접근과 잘 일치하는 것이었다.

한 사건의 결과가 다음 사건의 원인이 되는 일련의 개별적 사건으로써 행동이나 수행은 설명될 수 있다는 가정은, 한편으론 심각한 문제를 불러일으킨다. 어떤 특정 사건이나 단편적 연속 사건을 연구할 때, 연속하는 전후의 사건에 있어 원인-결과 결합의 수를 어떻게 구분 지어야 하는 것인가? 실제로, 인과관계 시리즈가 양 끝에서 무한히 확대되지 말아야 하는 논리적 이유는 존재하지 않는다.

이 문제의 현실적인 해결책은, 사회심리학자인 Floyd Allport가 1954년에 발표했던 것으로, 어느 특정 행위에 속하는 연쇄상의 '특정' 부분만을 생각하고 그 이외의 것을 무시하는 방법이다. 자의성에 대한 비난을 받는 일 없이 이것이 실현될 수 있었다는 것을, 선형적인 인과관계 이외에 다른 원칙이 작용하고 있는 증거로써 Allport는 간주하고 있었다. 그는 특히 다음과 같은 논평을 했다.

> 패턴은 원인-결과의 선형적 연속성에서 생기는 흐름이 아니고, 어떠한 형태로 이미 존재하고 있는 것처럼 보인다. 구조는 구조에서 생겨나고, 많은 경우 구조자체는, 대체적으로, 연속적이라기보다 동시에 발생하는 방식으로 작동하는 것처럼 보인다.

해결책은, 연속적 사건의 사고방식을 사건 패턴의 사고방식으로 대체하고, 각 패턴은 작동 사이클을 통해 스스로 종결하는 것이었다. Allport는 사건-구조도(event-structure diagrams)라 불리는 사건구조에 근거한 분석과 표현 방법을 명확하게 설명했다. 이 방법의 중요한 점은 접선 싸이클(tangent cycles) 또는 접선구조(tangent structures)라는 개념이었다. 즉, 원인-결과의 관계가 아닌, 에너지의 증감에 의해 다른 사건 —구조관계에 영향을 미치거나 존재하는 사건— 구조방식이다(에너지, 활동성, 활력의 구성단위라는 사고방식은 1950년대의 과학적인 사고와 함께 생겨난 것으로, 인공두뇌 과학에 견줄만한 것이었고, 보충내용은 하기와 같다).

사건-구조는 확정되지 않은 근원으로 무한정 후퇴할 수 있는 잠재적 문제를 회피하고, 어떻게 일이 발생하고, 어떻게 사건이 다른 사건과 관련되는지를 설명할 수 있는 방법을 제공한다. 사건-구조는, '구성 요소'의 집합 또는 부분 집합이 아닌 '사건'의 패턴으로써 정의되므로 경계 문제(boundary problem)도 회피할 수 있다. FRAM의 이론적 배경 일부로써 사건 구조 이론은, 인과관계를 언급하지 않고 행위를 설명할 수 있다는 것을 예시하고 있다. 사건의 구성 요소로서 싸이클이라는 Allport의 개념은 기본적으로는 FRAM에 있는 기능과 같다. 접선 싸이클이라는 개념은 비인과적 특성을 다루고 있기 때문에 제3장에서 언급할 공명 원리와 유사하다. 그리고 균형 또는 '정적'구조 조건을 강조하기 위해 계층적인 구조와 사건의 고정적인 순서를 이용하지 않는 것은 FRAM모델의 잠재적 결합(potential couplings) 개념과 유사하다.

## 5 제2의 인공두뇌학

인공두뇌 과학은 Norbert Wiener에 의해 1948년에 발표되었으나, 오늘날의 수많은 사람들은 그 원래의 의미는 모른 채 'cyber'라는 접두어를 사용하고 있다. 인공두뇌학은 제어와 규제 연구로써 발전해 왔지만, 기본적 개념 중의 하나는 피드백 루프였다. 피드백 루프는 계측된 시스템의 출력을 입력으로 되돌려서 출력을 생성하는 제어프로세스의 기초정보로써 이용하는 방법에 대해 설명하고 있다. 고전적인 예는 온도조절장치가 방의 냉난방 온도를 제어하는 방식이다. 만약 측정된 방의 온도가 너무 높다면 가열부의 조절장치가 꺼지고, 너무 춥다면 켜진다. 온도조절장치는 이와 같이 출력을 특정 범위내에 유지되도록 편차에 의해 시스템을 자기제어한다.

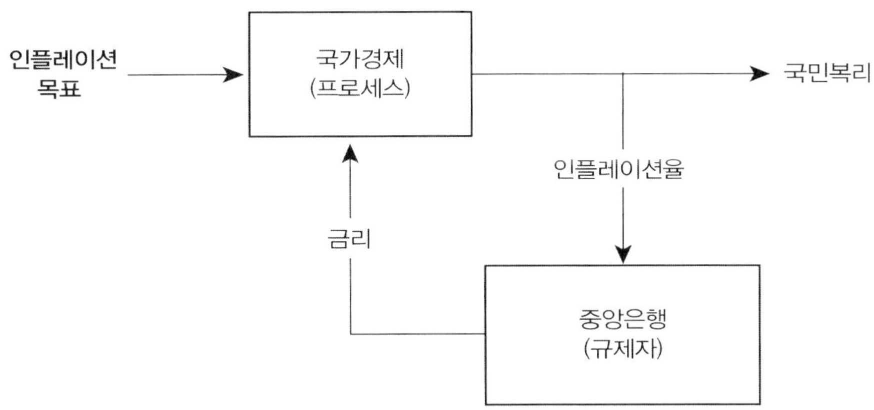


[그림 2.1] 역 피드백에 의한 경기조절

조금 더 복잡한 예로는, 유럽 중앙은행 같은 중앙은행이 [그림 2.1]과 같이 국가나 지역 경제를 제어하는 방식이 있다. 경제의 과열은 인플레이션율로 측정되는데, 경기가 과열되면 중앙은행은 통상 경기를 둔화시킨다고 추정되는 금리 인상으로 대응하고, 반대로, 경제가 너무 위축되면 경기를 자극한다고 추정되는 금리인하로 대응한다. 국가 경제나 중앙은행과 같은 시스템은 적어도 전제된 가정이 올바른 범위에서 자기제어적이며 편차대응적이다.

역 피드백 루프(Negative feedback loop)는 일정한 한도 내에서 전제된 프로세스의 편차에 유효하게 대응할 수 있지만, 한편으론 규제자가 원래의 신호를 억제하지 않고 증폭하도록 대응하는 경우도 있다. 이것은 수학자인 Margoroh Maruyama가 1963년에 소위 '제2의 인공두뇌학'의 필요성을 논의할 때 지적되었다.

> 상호간 인과관계의 편차대응 측면에 주목한 나머지, 인공두뇌학자들은 상호간 인과관계의 결과가 편차를 증폭하는 시스템에의 주의가 부족하였다. 그러한 시스템은 어디에나 존재하고 있다. 산업계에 있어 자본의 축적, 생물의 진화, 다양한 문화의 생성, 정신질환을 일으키는 인간관계, 국제분쟁, 흔히 '악순환'과 '복합이해' 같은 애매한 용어의 프로세스 등이 그와 같은 시스템이다. 요약하면, 사소하거나 우발적인 초기의 잘못을 증폭시키는 상호 인과관계의 모든 프로세스는 편차를 만들고 초기 조건을 벗어난다.

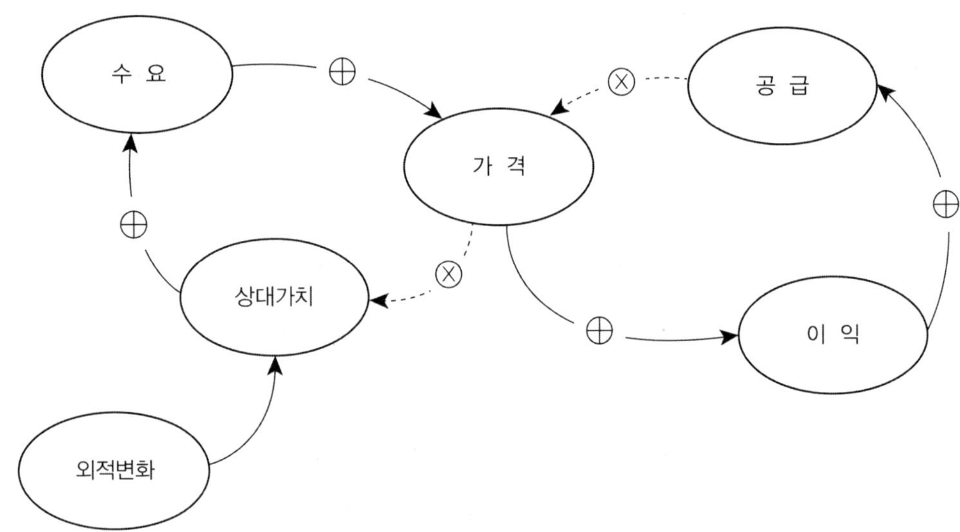


**[그림 2.2] 상호 연계 프로세스**

앞에서 언급했듯이 '에너지'를 증가시키거나 감소시키는 것에 의해 사건-구조가 서로 영향을 끼칠 수 있다는 생각은 매우 유사하다. 인공두뇌학, 특히 '제2의 인공두뇌학'을 이용함으로써, 사건-구조의 관계를 폐회로(Closed loops)로써 표현하는 것이 가능하게 되고, 그 결과 더욱 정확하게 '상호 인과관계'의 작용을 표현하는 것이 가능하다. 금융 세계가 그 좋은 예이다. [그림 2.2]의 2개의 연계 루프가 나타내듯이, 좌측 루프는 '상대적 가치', '수요', '가격'의 연계를 나타내고, 우측 루프는 '가격', '이익', '공급'의 연계를 나타낸다. ⊕는 (검은 실선) 두 독립체의 값이 비례 관계에 있음을 나타내고, ⊗는 (검은 파선) 반비례 관계임을 의미한다.

[그림 2.2]의 2개의 루프 모두 자기제어적이다. 예를 들어 '상대가치(relative value)'가 오르면 '수요'도 늘어난다. 만약 '수요'가 늘어나면 '가격'도 오르고, 그 결과로써 '상대가치'가 내려간다. '상대가치'가 내려가면 '수요'도 줄어드는 등 반복이 이루어진다. 다른 루프에서도, '이익'이 증가하면 '공급'도 증가한다. 그리고 공급이 증가하면 '가격'이 내려가고 '이익'은 감소하며, '이익'이 줄면 '공급'도 감소하는 등과 같다.

각각의 루프는 일정 시간이 지나면 안정균형상태에 도달한다는 점에서 자동제어적이지만, 두 개의 루프를 조합하면 같은 종류의 안정성을 보이지 않는다(힌트 : '가격'은 오른쪽 루프와 왼쪽 루프에서 역방향으로 영향을 준다). 이 관계는 이 그림에서는 적절하게 표현되어 있지만, 단순하든 복잡하든 선형적 순서에서는 매우 찾기가 어려울 것이다.

## 6 결 론

이 장에서는 단순한 선형적 사고이든 복잡한 선형적 사고이든 우리 주변의 세계는 충분히 서술할 수 없다는 것을 논의해왔다. 이는 50여년 이전의 과학자들에 의해 인식되어 있었으나, 안전문제에 반영된 것은 극히 적었었다. 원인과 결과면에서 이해되고 설명될 수 있는, 다루기 쉬운, 한결같은 세계는 이미 대상이 아니라는 것을 사람들이 깨달은 것은 1990년대의 일이었다. 그 때가 되어서야 사람들은 선형적 사고가 도움이 되지 않는, 다루기 곤란하고 복합적인 세계에 직면하고 있다는 것을 깨달았다. 제2의 인공두뇌학은 제어되지 않고, 출력이 비례관계가 아닌 상황이 어떻게 일어나는가를 분석적으로 보여주었다. 2008년 금융계는, 제어를 상실한 것이 실제로 어떠한 것인가에 대해, 친절하게도 설득력 있는 예를 제공해 주었다.

우리들이 현재, 동적·비선형 모델이라 부르는 것의 이론적 배경은 1960년대 중반에 이미 존재하고 있었던 것이지만, 그러한 모델을 이용할 필요성이 충분히 인식되기에는 그로부터 수십 년이 걸렸다. 고장수목(Fault Trees), FMEA, HAZOP과 같은 고전적인 안전모델은, 역사적으로는 동시기에 개발되었다. 예를 들어 기술적 위험이 확률론적 안전평가(PSA : Probabilistic Safety Assessment)에 의해 계산할 수 있다면, 모든 것은 잘 되는 것이라고 일반적으로 믿어졌었다. 그 신념은 1979년 Three Mile섬(TMI) 원전 사고로 큰 시련에 맞게 되었다. TMI사고 후, 인적요소를 고려하여야 할 필요성이 자연스럽게 받아들여졌다. 이후, 분해와 원인-결과 결합이라는 동일한 원칙에 입각한 것이기는 하지만 '새로운' 방법이 빠르게 확산되었다. 이른바 조직적 사고라 불리는 챌린저호 사고와 체르노빌 원전 사고가 모두 1986년에 발생하여, 시스템의 비기술적 부분(오늘날에는 사회-기술적 시스템이라 부른다)을 고려할 필요성이 강조되었다. 그러나 사고방식은 동일한 노선상에 있어, 대안적 접근의 필요성은 20세기 말이 되어서야 겨우 받아들여지게 되었다. 그것이 Resilience Engineering의 제안으로 이어지게 되었다. 그 발전의 일부로써, FRAM은 시스템을 요소로 분해하지 않고, 또한 인과관계의 개념에 의존하지 않고, 어떻게 안전성 분석이 가능한가를 보여주고 있다.

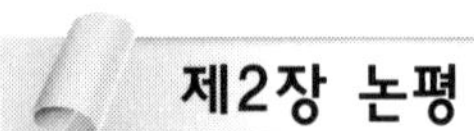

## 제2장 논평

제2장의 최초 인용은, Chesterton G.K.(1909), *Orthodoxy*, New York : Lane Press. Nietzsche, F.W.(2007; orig. 1895), *Twilight of the idols*, Ware, Hertfordshire : Wordsworth Editions Limited의 93페이지에서 인용하였다.

Morris S. Schulzinger의 연구는, The Accident Syndrome : The Genesis of Accidental Injury, Illinois : Charles C. Thomas Publishers에 서적으로 출판되었다. 이 연구의 데이터는 1930~1948년 동안 수집된, 약 35,000건의 사고 부상에 대해 설명되어 있다.

Floyd Allport(1890~1978)는, 일반에게는 알려져 있지 않지만, 과학 분야에서는 사회심리학의 창시자로서 알려져 있다. 그의 사고에 대한 논의는, 1954년부터의 논문 'The structure of events : outline of a general theory with applications to psychology', *Psychologycal Review*, 61(5), 281~303에서 볼 수 있다. Allport가 '구조'와 '사고-구조'라고 불렀던 것은, 현재 용어로는 기능과 항상성 회로(Homeostatic loops)로 불린다.

Norbert Wiener는 인공두뇌 과학을 1948년에 *Cybernetics, or Control and Communication in the Animal and Machine*책에서 소개하였다.

인공두뇌학의 과학과 문헌으로써의 중요성은 이루 말할 수 없지만, 제2의 인공두뇌학은 비교적 안 알려져 있다. 그것은 M. Maruyama에 의해 1963년에 'The second cybernetics : Deviation-amplifying mutual causal processes', American Scientist, 55, 164~179 제목의 논문에 제안되었다. 제2의 인공두뇌학과 Jay Forrester(1918~)에 의해 개발된 복잡계(complex system)의 거동에 대한 시스템 역학의 방안은 매우 유사성이 있다.

CHAPTER 03

# 원 리

이상하게 생각될지 모르겠지만, 그것 나름의 방식이 있다.
_햄릿, 2막 2장

FRAM은 특정 목적을 위해 다소 새로운 시작점에서 개발되었다. 그 목적은 실패의 이면으로써 성공을 확보하기 위한 방법을 제공하기 위한 것이며, 바꿔 말하면, 실패의 본질이 아닌, 일상 활동의 본질에 초점을 맞추는 것이다. 그 방법은 과거의 사건과 더불어 발생 가능한 미래의 사건(특히 잘못될 수도 있는 상황)을 분석할 수 있어야 한다. 단순하게 과거에 실제로 일어났던 일이든 장래에 일어날 수 있는 일이든, 똑같은 방식으로 발생하기 때문이다. 우리는 필연적으로 현재 또는 '지금'이라고 말하는 어떤 임의의 시점에서 일어난 일을 항상 바라보아야 하며, 어떤 일은 이미 일어나 있는 것(과거)도 있지만, 아직 일어나지 않은(미래) 것도 있다. 그러나 무엇인가 발생한 방식이 현재 순간의 의미를 변화시켜버려서 발생 가능한 미래의 사건이 실제 발생한 과거의 사건으로 간주된다면 이상하게 느껴질 것이다. 그럼에도 불구하고 적어도 현행의 안전에 관한 접근법에 관해서만은, 정말 그런 것처럼 보인다. 왜냐하면 사고 조사를 위한 모델이나 방법이 위험평가를 위한 모델이나 방법과 다르기 때문이다.

FRAM의 개발에 있어서는 선입관을 배제하고 당연시 여겨졌던 것들은 아무것도 없었다. 제10장에서 설명하듯이, FRAM은 '방법이 있는 모델(model－cum－method)'이 아닌 '모델이 없는 방법(method－sine－model)'이다. 즉, FRAM의 목적은 모델의 관점에서 무엇이 일어났는지 설명하는 것이 아닌, 일이 어떻게 일어나는가를 모델화하는 것에 있다. 거기에는 분명히, 제2장에서 가장 중요한 것을 설명했듯이, 이론적 배경이 있고, 더구나 2500년 이상에 걸쳐 과학을 지배해온 비판적 사고의 기본적 전통도 존재한다. 그러나 안전의 의미를 넓게 잡아도 안전 평가를 위한 비교할만한 방법이 없었기 때문에, 하나부터 기본 원리를 필연적으로 만들어야 했다. FRAM은 이하의 4가지 원리를 기반으로 하고 있다.

- 실패와 성공은 같은 기원을 갖는다는 의미로, 등가이다. 즉, 같은 이유로 일이 잘 될 수도 있고 잘못될 수도 있다.
- 개별적 사람 혹은 집단을 포함하는 사회-기술적 시스템의 수행은 외부 환경적 조건에 맞추어 조정된다.
- 알려진 많은 결과는, 알려지지 않은 결과와 마찬가지로, 결과적(resultant)이기보다 발현적(emergent)으로 설명되어야 한다.
- 시스템 기능간의 관계나 의존성은, 미리 정해진 인과관계결합이기보다 특정 상황에서 발현하는 것으로써 설명되어야 한다. 이것은 기능공명(functional resonance)의 개념을 이용한다.

이러한 각 원리의 상세 내용은 이후의 절에서 설명하겠다.

## 1 실패와 성공의 등가성

통상, 우리가 안전에 대해 생각하기 시작하는 계기는, 무엇인가가 잘못되었을 때, 즉, 일어날 리가 없었던 것이 일어났을 때이다. 따라서, 안전에 관한 생각의 시발점이란, 무엇인가 원하지 않은 일이 일어나서, 그에 따라 예기치 않은 결과가 생겼을 때이며, 안전의 탐구란, 그 이유를 찾는 것이다.

우리는 습관적이고 이미 알고 있는 것보다도 의외의 것이나 모르는 것을 더 걱정한다. 그 때문에, 후자를 이해하기 위해서는 당연히 많은 노력을 기울이지만, 전자를 이해하기 위해서는 그다지 노력하지 않는다. 그 결과, 유감스럽게도 우리는 일이 어떻게 잘 진행되는가에 대해서 그다지 이해하고 있지 않을 뿐만 아니라, 일이 잘 되는 것은 시스템의 설계가 좋고 충분한 테스트가 이루어져 시스템이 정상적으로 동작했기 때문이라고 단순하게 생각해 버리고 만다. 또 정상적인 수행을 위협하는 것은 다양한 실패나 이상, 기기의 고장, 특히 인적오류 또는 위반이라고 생각하고 있다. 그 때문에 많은 노력이, 왜 일이 잘못되는지를 이해하는 것에 주목하고 있다.

그러나, 사람은 일을 올바르게 행하는 것을 항상 의도하고 있고, 무언가를 잘못 실행하는 것은 결코 의도하지 않는다(설령 무엇인가 피해를 줄 때조차, '올바르게' 행할 필요가 있다). 토론을 위해, 수행으로 행위의 연속에 의해 설명할 수 있다면, 각 행위의 선택은, 능력, 상황 이해, 경험, 습관, 요구, 이용 가능한 자원과 상황전개에 대한 기대, 특히 타인의 행동 예상 등의 수많은 다른 요인에 의해 이루어지고, 거기에서 기대한 결과가 얻어지면 다음 행위가 행해진다. 한편, 기대했던 결과를 얻을 수 없는 경우에는, 직전의 행위가 재평가되고, 일반적이긴 하지만 논리적으로 잘못된 '인과관계의 오류(post hocergo propter hoc)' 논증에 의해, 오류나 실수와 같은 잘못으로 분류된다. 더욱이 후판단으로, 그 때 필요한 노력을 해놓았더라면, 무엇을 해야 하였을까 등이 지적된다. 이 논의의 전체상황을 [그림 3.1]에 정리해 보았다. 그러나, 이 논의는

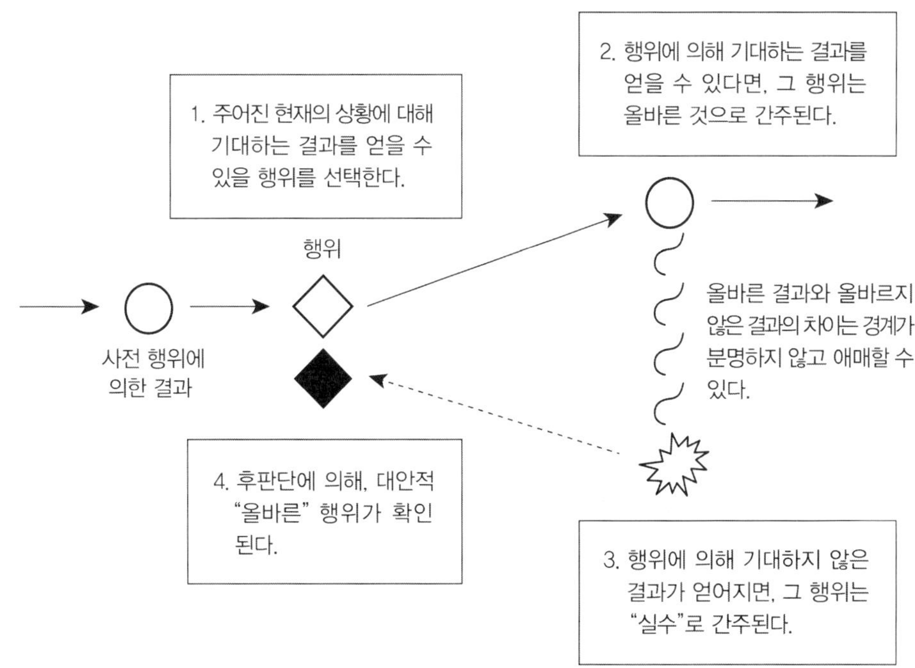


[그림 3.1] 기대하지 않은 결과를 초래한 행위의 재평가

정말 불합리하다. 행위는 실제 결과가 아닌, 기대한 결과에 근거하여 선택되기 때문이다. 그러므로 잘못된 것은 행위 '자체'가 아닌 그 때의 상황에 대한 행위 혹은 기대이다.

심리학자인 Ernst Mach는 이 논의의 불합리함을 간결하게 지적하고 있고, 그는 1905년에 '지식과 오류는 모두 같은 정신적 근원(mental sources)에서 유래하고 있고, 성공만이 그 둘을 구별할 수 있다.'고 쓰고 있다. 즉, 결론을 알고 난 후에, 비로소 그것이 선행된 행위의 좋고 나쁨을 언급할 수 있다는 의미로, 실패와 성공은 동등하다. 이 논의는 극히 당연한 것임에도 불구하고, 지금까지의 안전관행은 완고하게도 잘못된 것에만 주목해 왔었다.

## 2 근사 조정(Approximate adjustments)

기술적 인공물은 대규모이든 소규모이든, 일정한 수행이 생기도록 최선으로 설계, 구축, 유지되어지고 있다. —적어도 무엇인가 실패하기 전까지. 유감스럽게도 인간이나 사회 시스템(조직)에는 동일하게 적용되지 않는다. 인간의 수행은 다수의 내적·외적 요인에 의해 항상 변동되고 있다.

예를 들어,

- 고유의 생리적·심리적 특징. 피로, 생리주기 리듬, 각성과 주의, 불응기, 망각 등
- 독창성, 창조성, 적응성 같은 고차원의 심리적 현상. 이것들은 예를 들어, 시간제약이나 결손표현(under-specification), 지루함 등을 극복할 때에 이용된다.
- 조직적 요인. 예를 들어, (질 또는 양에 대한) 외부에서의 요구, 자원 부족으로 이어지는 마감기한, 목표의 변경, 조직의 딜레마(안전-생산성 충돌) 등
- 사회적 요인. 자신이나 동료에 대한 기대, 그룹 내의 작업 표준 등
- 상황적 요인. 더위, 소음, 습도, 혼잡함 등의 작업조건 등
- 작업 환경에서의 예기치 못한 변화. 날씨나 기술적 문제 등

조직의 수행 변동성은, 의사소통의 효율성이나 권위의 구배, 신뢰(결여), 조직의 기억, 조직의 문화 같은 요인에 기인할 수 있다. 더욱이 조직의 구성원인 개인으로부터 올지도 모른다. 또 조직 외에서 일어나는 것, 즉 조직을 둘러싼 세계에서 일어나는 것에도 좌우될 수 있다.

제1장에서 설명했듯이, 대규모의 사회－기술적 시스템에 있어 작업상황은, 어느 정도는 다루기 어렵다. 원리적으로도 현실적으로도 작업조건을 완전히 명시할 수 없다는 의미이다. 재료, 인력, 정보, 특히 시간이라는 자원은 통상적으로 한계가 있고 때로 불충분하다는 것을 현실적으로는 고려하여야 한다. 개인적으로나 집단적으로도 일을 하기 위해서는, 사람들은 이러한 조건에 적합하도록 조정하여야 한다. 그러나 상황을 명시할 수 없거나 자원이 불충분하기 때문에 이러한 조정 자체는 정확하기보다는 대략적으로 된다. 그럼에도 불구하고 통상적으로는 충분히 일할 수 있고, 사실 이러한 이유로 일이 잘못되기보다는 잘되는 쪽이 훨씬 많다. 즉, 이러한 이유로 일상의 수행은 성공적이다. 그러나, 동시에 근사조정(Approximate adjustments)은 일이 잘못되는 이유이기도 하다. 이것은 위에서 말했던 등가성의 원리에 추가해야 할 논의이다.

수행 변동성(Performance variability)은 대체적으로 부담요소가 아닌 강점이며, 사회－기술적 시스템이 제대로 기능하는 주된 이유이다. 인간은 일에 있어 문제를 극복하는 효율적인 방법을 발견하는 데에 매우 뛰어나고, 이 능력은 안전과 생산성 모두를 위해 매우 중요하다. 인간의 수행은 시스템의 안전(또는 품질) 향상과 손실에도 기여함으로, 평가 방법은 이 이중성을 다룰 수 있어야만 한다.

## 3 발현(Emergence)

전체 세상이나 시스템에서, 무엇인가 일어날 때마다, 예기치 않은 사건이 생길 때마다, 그 설명이 항상 요구된다. 대부분의 경우, 그 설명은 시스템이 어떻게 기능하는지에 대한 일반적인 이해에 의존한다. 즉, 그 설명은 분해와 인과관계의 원리에 근거한다. 그러한 경우 결과는 시스템 '내부' 작업의 결과라 불리고, 기술적으로는 '결과적

(resultant)'이라 불린다.

그러나, 기존에 알던 프로세스나 전개의 결과로써 설명할 수 없는 경우가 늘고 있다. 이러한 경우 결과는 '결과적'이라기보다 '발현적(emergent)'이라고 말할 수 있다. 발현적인 경우도 무엇이 일어났는지에 대해 설명하는 것은 가능하지만, 그 설명은 다른 본질을 갖는 것이다. 발현적이란, 무엇인가가 '마법과 같이' 일어나는 것이 아닌, 단지 분해나 인과관계의 원리를 이용해서 설명할 수 없는 그러한 방법으로 일어난 것을 의미한다. 이것은 부분적 또는 전체적으로 다루기 어려운 시스템에 있어서 일반적인 경우이다.

'발현적'이란 용어를 사용하는 것은, 인과관계의 면에서 설명이 부적절하다(아마도 불가능)는 것을 인정하는 것이다. 이 용어는 영국의 철학자 George Henry Lews(1817~1878)에 의해 처음 사용되었고, 발현적 결과는 덧붙여질 수 있는 것도 아니고, 그 요소의 지식에 따라 예측할 수도 없고, 요소로 분해하는 것도 불가능하다고 설명했다. 현대적 어휘로는, 발현적 결과는 비선형이며 기본 시스템은 부분적으로 다루기 어렵다는 의미이다.

### 1) 찾기 힘든 원인

무엇인가 발생한다는 것은 실제적으로 효과나 결과, 관찰 가능한 변화(때때로 전이 혹은 상태변화)가 있음을 의미한다. 예를 들어, 노트북 컴퓨터의 배터리가 소진되거나, 리포트가 배포된다거나, 파이프에서 물이 새고 있다거나, 문제가 해결되는 것일지도 모른다. 또한 그 결과는, 환자의 복부에 잊혀진 스폰지가 되거나, 전복된 선박 또는 금융 파탄일지도 모른다. 안전에 대한 고전적인 생각으로써 원인은 그 결과처럼 존재하는 것으로 추정한다. 즉, 원인은 순서대로 한 단계 전의 다른 원인의 결과라는 논리에 따라 의미가 붙여진다. 그러므로 사고나 사건조사의 목적은 관찰 가능한 결과로부터 유효한 원인(Efficient cause)을 향해 역으로 전개해 거슬러 올라가는 것이다. 마찬가지로 위험평가는 원인에서 일어날 수 있는 결과를 향해 순방향 전개를 추정한다.

단순한 예로써 교통사고의 조사를 예로 들어보자. 차가 길을 벗어나 나무에 부딪혔다고 해보자. 사고 조사에 따라 도로 관리가 불충분하였거나, 운전수가 취해 있었거나,

타이어가 닳아 있었거나, 날씨가 험악하고 도로가 젖어있었다는 조건이 겹쳐서 일어났다고 결정될 수도 있다. 더욱이, 이 조건들은 사고가 일어났을 때만이 아니라, 그 후에도 한동안 그랬을지도 모른다. 사고차량은 조사될 수 있고, 타이어의 상태도 확인될 수 있다. 노면에 대해서도 마찬가지이며, 날씨는 기상청의 자문으로 확인할 수 있다. 또 많은 경우, 운전자의 음주 레벨은 생리적 검사에 의해 정해질 수 있다. 요약하자면, 결과와 원인 모두 '존재' 하며, 그러므로 결과는 이러한 원인들의 결과라고 당연히 말할 수 있다. 원인의 존재는 그것들을 소급하는 것이 가능하여, 그 원인(또는 결과)을 제거하거나, 격리하거나, 방어하는 등 무엇인가 가능하게 한다.

발현적 결과(emergent outcomes)의 경우, 원인은 존재한다기보다 찾기가 어렵다. 발현의 원리는 관찰된(최종) 결과는 통상 불변하거나 불변의 증거를 남기지만, 그 결과를 유발한 쪽은 그렇지 않다는 것이다. 즉, 그 결과는 짧은 순간에 존재했던 조합으로써, 어느 특정의 시공간상에만 존재하는 일시적 현상에 의해 초래된 것일 수 있고, 이러한 조건은 다른 일시적 현상 등에 의해 차례차례 설명될 수 있다. 따라서 원인은 발견되는 것이 아니고, 재구성되어야 한다. 이것은 통상적인 방법으로는 할 수가 없으나, 일시적 현상이 충분히 규칙적이고 반복적이라면, 그러한 것들을 생겨나게 하는 조건들을 제어하는 것이 가능할 수 있다. 물론, 여러 형태의 예방이나 방어 방법을 고안하여 이러한 조건들을 방어할 수 있다.

발현의 원리는, 어느 시점에 존재하는 조건이라고 이치에 맞게 논할 수는 있지만, 절대로 그렇다라고 확신할 수는 없다. 그러나, 변동성은 항상 존재한다는 의미에서 수행 변동성은 '영구적'이다. 변동성은 우연적이라기보다 더 체계적이기 때문에 대체로 예측 가능하다. 이것이 존재 또는 현존하는 변동성에 근거하여 안전분석을 할 수 있는 이유이다.

## 4 공명(Resonance)

FRAM의 4번째, 마지막 원리는, 시스템 기능간의 결합(couplings)이나 의존성은, 어느 특정 상황에서 전개된 것으로써 설명되어야 한다. 이 원리가 의미하는 점은, 기능간 결합은 미리 정확하게 특정할 수 없기 때문에, 계도구조나 네트워크 구조에 의해서는 표현할 수 없다는 것이다. 또 다른 의미는, 기능간 의존성은 단순한 인과관계를 넘어서, 제2장에서 설명했듯이 오히려 사건-구조와 같다. 3번째 원리인 발현은, 인과관계의 관점에서 파악할 수 없는 결과가 존재할 수 있기 때문에 보다 영향력 있는 설명원리가 필요하다는 것을 의미하고 있다. 따라서 4번째 원리에서는 '기능공명'이라는 사고방식을 이용하여 복잡한 사회-기술적 시스템에서 일어날 수 있는 것을 설명하는 것이다. 이것을 이해하기 위해, 고전적인 공명에 대해 간단한 설명이 필요하다.

### 1) 공명이란?

물리 시스템에서 말하는, 고전적인(또는 기계적) 공명이란, 시스템이 어느 주파수대에서 보다 큰 진폭으로 진동하는 현상을 가리킨다. 그 주파수대는 시스템의 공진(또는 공명) 주파수로 알려져 있다. 이러한 주파수대에서는 설령 작은 외부의 힘이라도 반복적으로 작용하는 것에 의해 큰 진폭의 진동이 생겨, 시스템에 큰 피해를 초래하거나 심지어 파괴할 수도 있다. 가장 유명한 예로는 1940년에 일어난 Tacoma Narrows교와 같은 붕괴이다.

공명의 간단한 예로는 아이들이 타는 그네이다. 그네의 움직임(진폭)은 어른이 규칙적으로 아이(그네)를 밀거나, 아이가 그네의 움직임을 키우는 방법을 익혀 증폭시킬 수 있다. 그네에 탄 아이의 예는 고전적인 공명과 그 결과가 시간이 가면서 어떻게 전개되어 가는지를 설명하는 좋은 예이다. 의도적으로 증폭시키는 경우, 신호나 진동은 매우 작아질 수도 있지만 검출 한계치 이상이어야 한다. 증폭을 위한 외부 촉진기능(forcing function)은 동시에 발생하기 어렵기 때문이다.

고전적 공명이 수천년 전부터 알려져 이용되어 온 반면, 확률공명은 최근이 되어서야 알려졌다. 확률공명에는 촉진기능은 없으나 불규칙적인 소음이 있어, 그것이 때때로 잠재의식하의 신호를 검출 한계치 이상으로 바꾼다. 확률공명은 불규칙 소음이 더해졌을 때 생기는 약한 신호에 대해 디바이스의 감수성 개선이라고 정의할 수 있다. 확률공명의 결과는 출력과 입력이 직접적으로 비례하지 않는다는 의미에 있어, 비선형이다. 또한, 결과가 고전적 공명은 시간에 걸쳐 서서히 일어나는 것과 다르게, 확률공명은 순간적으로 발생 또는 발현할 수 있다.

확률공명의 개념은, 예기치 못한 결과가 어떻게 생겨나는가를 이해하는데 이용될 수 있다. 확률공명의 개념은 기후 변동의 설명에 처음 적용되어, 금융시장에서 일어나는 사건들의 설명에도 이용되어 왔다. 더 세부적인 규모로서는, 신경생물학의 감각기관에서 일어나는 현상의 설명에 이용되어 왔다. 이는, 종래의 방법으로는 설명할 수 없는 주요한 안전 시스템에서, 대규모의 예기치 못한 결과를 이해할 수 있는 기대를 제공한다. 그러나, 확률공명은 확률적이고 불규칙한 것이 결점이다. 안전 향상이라는 목적을 위해서는, 무엇이 일어날지, 더욱 정확하고, 확률적 감각보다는 결정론적인 감각으로 예측하는 것이 가급적 필요하다.

## 2) 확률공명에서 기능공명으로

FRAM의 두 번째 원리는 수행 변동성에 관한 원리이다. 사람이나 조직의 수행은 언제나 일의 조건에 부합되도록 근사적으로 조정되고 있다는 것은, 바꿔 말하면, 수행 변동이 항상 존재한다는 것이다. 수행 변동성은 내부분의 경우 매우 삭으므로, 원하지 않는 결과를 초래하는 일은 없고, 또 거의 알아채지 못한다. 이 점이 일이 잘 되어가는 이유이며 따라서 수행 변동성은 약점이라기보다, 보통은 강점으로 작용한다는 것이 Resilience Engineering의 제안이다. FRAM에서는 일상의 수행 변동성이 어떻게 예기치 못한 결과로 이어질 수 있는지 설명하기 위한 비유로써 확률공명을 이용한다. 만일 시스템의 어느 특정 부분의 수행에 주목한다면, 개인, 결합인지 시스템(joint cognitive system), 그룹, 조직에 의해 실행되는 기능의 수행 변동성은 통상 잠재의식하의 것이기 때문에 분명하지가 않다. 이 잠재적 신호에 관하여, 나머지 시스템의 수행 변동성, 즉, 다른 모든 부분의 결합된 수행 변동성은 임의의 소음으로 볼 수 있다. 확률공명에 관하여, 나머지 시스템의 '우연적' 수행 변동성은 잠재적 신호와 상호 작용할 수 있고 그 잠재적 신호를 의식적으로 만들거나 탐지할 수가 있다. 이는, 인과관계의 언급 없이, 눈에 보이는 결과가 아무것도 없는 곳에서 어떻게 분명히 생기거나 발현될 수 있는지를 이해하기 위한 수단을 준다.

한편, FRAM은 확률공명이 아닌 기능공명을 다룬다. 그 이유는 단순히 사회-기술적 시스템에서 수행의 변동은 보는 것만큼 우연적이지 않기 때문이다. 변동성의 대부분은 일상의 기능을 기본으로 한 사람들 개인, 집합, 조직의 근사조정(approximate adjustments)에 기인한다. 이러한 근사조정은 의도적일 뿐만 아니라, 소수의 인지할 수 있는 단축경로나 휴리스틱을 활용한다. 다른 표현으로, 수행 변동성은 '반표준적(semi-regular)' 또는 '반규칙적(semi-olderly)'이므로 부분적으로는 예측할 수 있다. 사람들이 어떻게 행동하는지, 그들이 예기치 않은 상황에 대응하는 방법(다른 사람들이 어떻게 행동하는지에 기인하는 것을 포함하여)에는 규칙성이 있다.

특히 후자는 중요하고 확률공명과 기능공명의 주된 차이점으로 여겨진다. 수행 변동성은 단순히 반응적(reactive)인 것이 아니고 예방적(proactive)이라는 것이 더욱 중요하다. 사람들은 단지 타인의 행동에 반응하는 것이 아니라, 타인이 하려고 기대하고 있는 것에 대해서도 반응한다. 사람들은 종종 체계적이고 어느 정도 예측 가능한 방법으로서 의외로 빨리 대응한다. 근사조정 자체는, 개별적으로 또는 집단적으로, 타인이 행할 수도 있는 것에 반응하고 예측하는 것에 따라 만들어진다. 예측성은 완전한 것은 아닐지 모르지만, 그 변동성은 분명히 우연적인 것이 아니다. 각각의 개인의 행위는 분명히 타인이 반응적, 예방적으로 적응하는 상황의 일부가 된다. 이것이 의존성을 발생시키고, 근사조정은 '상호 근사조정'이 됨을 의미한다. 바꿔 말하면, 시스템 내 기능은 결합되고, 그 기능의 수행 변동성도 결합된다.

기능공명을 보다 공식적으로 정의하면, 일상의 다수 신호의 변동이 의도하지 않은 상호작용을 함으로써 발현하는 검출 가능한 신호로 정의할 수 있다. '대상'이 되는 신호도, 소음이 되는 나머지 신호의 조합도, 통상 모두 잠재적이다. 그러나 이러한 신호는 다른 종류의 기능을 위한 특징적인 규칙성의 대상이기 때문에, 우연적이거나 확률적이지 않다. 발생한 공명의 결과는 시스템이 기능하는 방식의 결과로 간주할 수 있기 때문에, 그 현상을 확률공명이 아닌 기능공명으로 부른다. 기능공명은, 예측과 제어가 가능하도록 만드는 방법에 있어서 비인과적(발현적)이고 비선형적인 결과를 이해하기 위한 방법으로 제안된 것이다.

### 3) 주파수와 변동

FRAM에서 변동성은 소음으로 간주된다. 확률공명의 이론에서는 —이것은 기능공명의 원리로 된다— 변동성은 공명현상의 기본 요소인 우연적 소음의 근원이다. 신호와 소음의 구별은 대상이 되는 사건의 지속 기간(샘플링 기간)에 관계하고 있다. 종래의 안전은, 인간의 수행 변동성을 중요한 시나리오로 초점을 맞추어 왔으며 따라서 그것이 신호가 되는 것으로 여겼으나, 그럴 필요는 없다. 종래의 안전 대상의 초점을 이해하는 것은 중요하지만, 필수적인 것은 아니다.

인간의 수행에 주목하는 것은 물론 그것 나름의 이유가 있고, 안전에 관한 현실적 관심은 현장(산업)의 상황에 관계하고 있으며, 거기에서는 인간의 수행이 중요한 구성요소이기 때문이다. 그 초점은 20세기 초에 형성되어, 1979년 Three Mile섬 원자력발전소 재난이라는 역사적 사고에 의해 더욱 높아졌다. 이 관심은 1980년대 중반까지 계속되어, 우주왕복선 '챌린저'호의 폭발이나 체르노빌 원전 사고 같은 다수의 중대재난에 의해, 인간의 수행 이외의 다른 요소도 관계하고 있는 것으로 강요되어, 관심의 초점은 인간으로부터 조직의 수행으로 옮겨가게 되었다. 이 관심의 조기에는, 인간수행의 조직 영향이 고려되었고, '새로운' 영향이나 요인이 중요하게 인식되었다. 그러나 보다 장기적으로 그 초점은 인간의 수행(개인적이든 집단적이든)에서 조직의 수행으로 옮겨졌다.

인간의 활동에 주목할 때, 조직 내에서 발생하는 것은 —배경적인 것이거나 현장에서— 매우 천천히 일어나거나 변화할 수 있어서 인간의 초점에 대한 모든 의도와 목적은 일정하다고 간주할 수 있다. 이는 요약하자면, 배경에서 일어난 것은 인간수행도 형성인자(performance shaping factors)로써 일정하게 취급될 수 있고, 그러므로 분석에서는 다소 무시될 수 있음을 의미한다. 그러나 조직의 수행에 주목하면 반대가 된다. 즉, 조직의 변화 같은 현상(또는 문화적, 사회적, 환경변화 같은 더 장기적인 변화)을 대상으로 하는 경우, 인간의 수행 변동성은 고주파의 배경 소음으로 간주될 수 있다. 따라서, 예를 들어 8시간 근무조 같은, 단기적 사건의 연구에서 인간의 수행 변동성은 중요할지 모르나, 보다 장기적 기간을 대상으로 하는 경우 수행 변동성은 안전하게 무시할 수 있다.

## 5 결 론

이 장에서는 FRAM의 개념적 기초가 되는 4가지의 원리에 대해 소개했다. 4가지의 원리란, 실패와 성공의 등가 원리, 근사조정의 원리, 발현과 기능공명의 원리들이다. 이 4가지의 원리는 1980년대 후반 이후의 안전 연구에서 얻어진 일반적인 경험을 정리한 것으로, 특히 사회－기술적 시스템의 복잡성을 다루는 기존 방법의 한계에 대해 증대되는 불만이나, 점점 더 나빠지는 상황에 대해 정리한 것으로 간주할 수 있다.

한 가지 인식은, 안전에 관한 모델이나 방법은, 단순한 인과관계의 범위를 넘는다는 것이다. 실패나 고장의 직접적인 결과가 아닌, 조건과 사건발생의 연결의 결과로써 이해될 수 있는 사고의 건수가 점점 늘어나고 있다. 또 다른 인식은, 사고나 사건의 원인은 발견되는 것이 아니라 구축된다는 것이다. 때문에, 개인의 기술적 또는 인간의 실수를 모델화하기보다, 시스템 역학의 본질이나 수행 변동에 대해 이해하는 것이 보다 중요하다. 특히, 인간의 행동은 독립적으로 다룰 수 없으며, 그렇게 해서도 안 된다.

'설계된 작업(work－as－imagined)'이 아닌 '실행된 작업(work－as－done)'에 관한 연구에서 얻어진 경험으로, 개인, 조직, 국가라는 모든 사회 시스템은 특정 행위의 규모에서도, 전체의 전략적 규모에서도 모두 효율성과 완전성의 균형을 맞추려 하고 있다는 것이다. 이러한 균형유지(trade off)나 조정이 생기는 한 가지 이유는, 시스템 내의 모든 사람들에 의해 행해지는 일상의 수행 조정의 결과를 흡수할 필요가 있기 때문이다.

### 제3장 논평

FRAM에서는 인과 관계의 대체로써 공명을 비유 개념으로 이용한다. 고전적 공명도 확률공명도 수학적으로 기술할 수 있기 때문에 연산이 가능하지만, 기능공명은 적어도 현 시점에서는 수학적으로 기술할 수 없다. 그 개념을 이용하는 이점은, 안전에 대한 종래의 사고방식의 중요한 한계를 극복할 수 있다는 점이다.

첫째, 결과는 어느 특정 원인의 영향 없이 생길 수 있다. 결과는 동적인 변화가 결합된 결과로써 생길 수 있고, 필연적으로 한 쪽이 원인이고 다른 쪽은 결과인 것이 아니고 서로가 영향을 미치는 활동 싸이클의 결과로써 생겨날 수 있다.

둘째, 기능공명은 비선형적 결과가 어떻게 생기는가를 설명할 수 있다. 이는, 신호가 약하거나 잠재적인 경우(확률공명의 경우에는 소음이 작고 잠재적일 경우)에는 특히 중요해진다. 그러한 경우에는, 아무런 원인이 없다거나 적어도 통상은 알아챌 수 없는 무엇인가에 의해, 결과가 생기는 것처럼 보이기 때문이다.

셋째, 부분적으로 위에서 말했던 것의 결과로써, 공명을 이용하여 뚜렷한 혹은 구분가능한 기능고장을 다룰 필요가 없어진다. 즉, 부정적 결과는 실패의 결과로써, 무엇인가 잘못되는 것의 결과로써 설명할 필요가 없고, 언제나 일어나고 있는, 일상의 근사적 수행 조정으로부터 생기는 것으로 간주할 수 있다.

CHAPTER 04

# [방법] 예비단계

이 책의 이후 부분에서는 FRAM을 기술하고 3가지 사례를 통해 그 사용법을 설명한다. 이 장에서는 방법의 예비단계에 대해 설명하겠지만, FRAM에서 가장 중요한 점은, 일이 왜 잘못되거나 잘못될지도 모르는 이유를, 먼저 일이 어떻게 잘 되는지 또는 잘 되어야 하는지를 설명하는 것에 의해 조사한다는 것이다. FRAM은 양방향적인 방법으로써 개발되어 왔기 때문에, 사고 조사와 위험 평가의 실질적인 차이에 대해서도 언급한다.

이 장에 이어 4개의 장에서는, 이하에 나타내는 FRAM의 4단계에 대하여 설명한다 : 기능 확인과 설명(제5장), 변동성 확인(제6장), 변동성을 어떻게 결합할지 결정(제7장), FRAM 분석결과를 어떻게 실무개선에 적용할지에 대한 검토(제8장).

마지막으로, 별도의 장에서는 3종류의 사례에 FRAM을 적용한 예를 소개한다.

## 1 잘 되어야 하는 것 찾기(Looking for What Should Go Right)

사고 조사는 왜 잘못되었는지를 찾는 것이다. 이는 18세기에 시작된 산업혁명 이후 발달해 온 기술 시스템의 문제점 찾기 방식에 기초하고 있다. 이 사고 방식은, (기계) 시스템은 무언가 실수나 고장 나지 않는 한 의도했던 대로 작용한다는 중요한 가정을 내포하고 있다. 바꿔 말하면, 실패나 고장은 사고의 원인이고, 만약 그것들이 제거된다면 사고는 일어나지 않을 것이라는 가정이다.

기술 시스템의 이 가정이 올바른지 아닌지는 의문의 여지가 있지만, 사회-기술적 시스템에는 분명히 맞지 않는다. 그 이유는, 이 가정에는 시스템의 완전한 이해가 필요하기 때문이며, 일은 완전하게 명시되고, 실행된 작업(work-as-done)과 설계된 작업(work-as-imagined) 간 완벽한 대응관계가 있어야 함을 의미한다. 이 경우 무엇이 발생했어야 했었는지를 자명하게 알게 되고 이 결과 사고조사의 범위는 그 무엇이 발생하지 못하도록 만든 원인을 찾는 것으로 좁혀질 수 있다.

그러나 일은 '기계적'으로 행해지는 것이 아니고, 또한 사람이나 조직은, 의욕적인 엔지니어나 관리자가 최대한의 노력을 쏟고 있다 하더라도 정확하게 움직이는 기계는 아니다. 따라서 우리는, 무엇이 일어났어야 했는지를 알고 있다는 가정에서 조사를 시작할 수 없다. 반대로, 조사는 —그것이 과거 혹은 미래의 사건도— 무엇이 일어났어야 했는지, 즉 무엇이 잘 되었어야 했는지를 '확립'함으로써 시작되어야 한다. 이렇게 되어야 하는 것은, 일을 상세하게 명시하거나 쓰여 있는 대로 정확히 따를 수 있는 지시사항을 제공하는 것은 일반적으로 불가능하기 때문이다. 일상의 수행은 다수의 근사 조정을 기반으로 하고, 어떻게 일이 잘 되는지에 대한 이해는 어떻게 잘못될 수 있는지를 이해하기 위한 전제조건이다. 따라서 실행된 작업과 설계된 작업의 차이점을 오

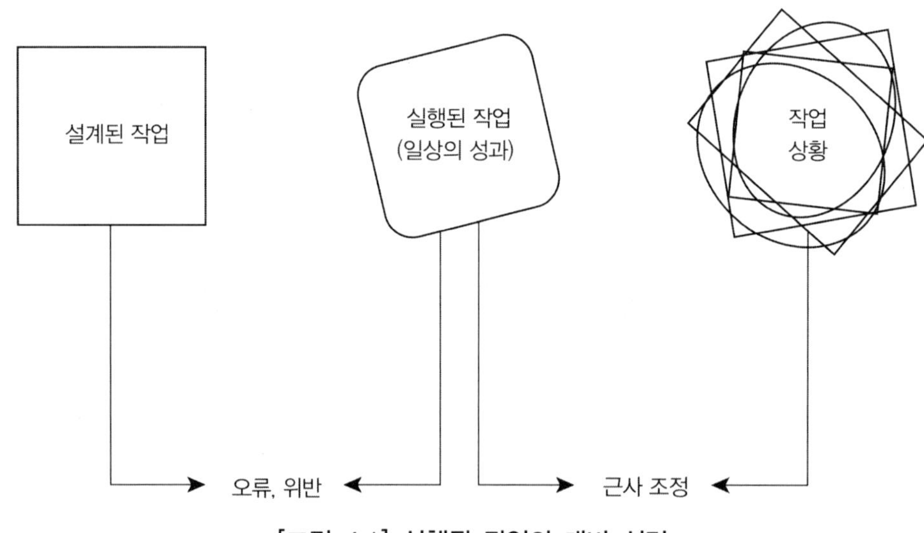


**[그림 4.1] 실행된 작업의 대비 설명**

류와 위반으로 돌릴 것이 아니라, 그것의 차이는 일상의 수행이 성공하기 위해 필요한 조정을 나타내는 것으로 파악해야 한다([그림 4.1] 참조).

사고 조사의 경우, FRAM에서는 무엇이 잘못되었는지 또는 왜 잘못되었는지에 대한 이유나 원인보다, 그렇게 하진 못했지만 잘 되었어야 하는 것을 찾는다. 즉, FRAM을 이용하는 조사는 원인을 찾는 것에서 시작하는 것이 아니고, 일상의 상황에서 무엇이 일어났어야 했는가를 이해하려고 하는 것에서 시작하고, 그것에 근거해 일어나야 하는 것이 왜 일어나지 않았는지를 설명한다.

위험평가나 미래를 알아볼 때에도 마찬가지로, FRAM에서는 무엇이 잘못될 수 있는지를 주로 찾거나 하지 않고, 또한 개개의 기능이나 부품의 고장율을 조사하는 것에서부터 시작하는 것도 분명히 아니다. 그 대신 '보통' 혹은 '통상'의 경우 무엇이 일어났어야 했는지에 관한 설명을 전개하려고 하며, 현재까지의 수행 변동성이 긍정적이든 부정적이든 어떻게 영향을 주었는지를 이해하려고 한다(여기서 말하는 '보통'이란 표준에 일치한다는 의미가 아니고 전형적이라는 의미로 사용된다).

고장율을 구하는 것은, 각각의 요소가 한결 같은 방식으로 실행하고, 요소간의 관계나 의존성이 안정되거나 불변임을 가정할 수 있는 경우에 정당화된다. 이는 대개 기계나 기술 시스템에서의 경우이다. 여기서 기능저하와 유지보수에 대한 영향 가능성은 제외하고, 부품은 일정하게 작동하고 상호관계는 설계에 따라 고정되어 있다.

따라서 우리를 놀라게 하는 것은, 전자회로나 소프트웨어의 미주로(sneak path)와 같은 예상하지 않은 연결이 있었을 때뿐이다.

위에 기술한 2가지의 상황이 만족되지 않는 사회－기술적 시스템에서 상황은 매우 다르다. 이러한 시스템에는 종래의 위험평가와는 다른 접근이 필요로 해진다. 고장형태에 따른 영향분석(FMEA)과 같이, 어떤 부품이 고장인지 어떻게 고장이 난 것인지를 찾는 대신, 시스템의 목적을 달성하기 위해 필요로 하는 기능을 설명하고, 그 다음, 개별적으로나 결합적으로 이러한 기능들의 잠재적 수행 변동성을 설명하여야 한다. 이 수행 변동성의 조합은 입출력 간 비례관계가 아니라는 면에서 보통 비선형적이다. 특히, 매우 작은 입력 변화가 결합이나 공명을 통하여 매우 큰 출력을 만들 수 있다. 이것은 Tripod(제10장 참조)와 같은 사고 이론이 서술하는 잠재적 조건과 능동적 고장(active failure)이 근본적으로 선형 결합이라는 것과 완전히 다르다. 이 비선형성이 존재하는 이유는 초기의 사건과 결과들 간 몇 개의 단계나 결합이 있는지 모르고, 기능 간 관계성이나 의존성이 불안정하고 변화하기 때문이다. 사회-기술적 시스템에서는 어느 특정 기능이 제대로 작동하거나 실패하는지가 그렇게 큰 문제라기보다 다수의 기능이 어떻게 결합될 수 있는지가 실제로 중요한 문제이다. 부정적 결과를 요소의 고장이라기보다, 변동성의 결합 결과로 간주함으로써 쟁점은 최소한 고전적인 통계 연구의 범위를 벗어나게 된다. 우리가 필요한 것은 어떻게 기능들이 연결되고, 또는 어떻게 기능들이 의도하지 않은 방식으로 결합되는가를 설명하는 방법이다.

어느 특정한 실패 시나리오나 일련의 실패 시나리오를 보는 것보다, 무엇이 일어났어야 했는지를 찾는 위험평가의 이점은 n+1문제가 덜 심각해진다는 것이다. n+1문제란, n개의 실패 시나리오나 사례를 보면, 아직 고려되지 않은 무엇인가가 일어날 수 있는 가능성, 즉 항상 n+1의 경우가 있다는 의미이다. 한편, 만일 특정사례의 (가산) 집합이 아닌 일상의 수행과 같은 사례를 보면, 이 이의는 부담도 줄어든다. 안전 사례와 같이 가장 심각하고, 가장 최근에 혹은 가장 명확한 시나리오를 대상으로 하는 대신, FRAM은 가장 전형적인 (그리고 빈번한) 일상의 수행 변동성에 주목한다. 물론 FRAM에서도 그 분석 범위에는 시간, 자원과 상상력에 의한 한계는 있겠지만, 그 한계는 비교적 중요한 문제가 아니다.

## 2 단계 0 : FRAM 분석의 목적 인식

FRAM의 첫 번째 단계는, 그 분석이 이미 일어난 것을 보는 사건조사에 관한 것인지, 앞으로 일어날 수도 있는 것을 보는 위험 평가에 관한 것인지를 명확히 하는 것이다. 이 단계는 아주 당연한 것이므로 불필요하다고 생각할지도 모르지만, FRAM은 언제나 특정 목적을 위해서 사용되는 것이기 때문에, 그것이 사건 조사인지 위험 평가인지를 명확히 하는 것이 바람직하다. 단계 0은 계속 이어지는 4가지 단계를 위한 준비작업을 하기 위한 것이며, 사건조사와 위험평가에 사용되는 방법에 따른 약간의 차이가 있기 때문이다. 4가지 단계는 각각의 목적과 관련하여 다음과 같이 설명할 수 있다.

- **단계 1의 목적** : 전체의 과업이나 활동보다는 그것이 어떻게 행해졌는가를 상세하게 서술함으로써, 잘 되기 위한 일상의 일을 위해 요구된 기능을 판별하는 것이다. 이러한 기능이 FRAM 모델을 구성한다.
- **단계 2의 목적** : 이러한 기능의 변동성을 특징짓는 것이다. 여기에서는, 모델에 있어서 기능의 '잠재적' 변동과, 모델의 구체화(instantiation)에 있어서 기대한 '실제적' 변동 기능 모두를 포함한다.
- **단계 3의 목적** : 모델의 특정 구체화에서 기능의 변동이 어떻게 다른 기능과 결합할 수 있는지를 이해하고, 이것이 예기치 못한 결과를 이끌어낼 수 있는지를 알아내는 것이다.
- **단계 4의 목적** : 지금까지의 단계에서 찾았던 통제되지 않는 수행 변동성이 일어날 가능성을 관리하는 방법을 제안하는 것이다.

FRAM을 사건 조사에 이용하는 경우, 조사 대상의 사건에 관한 지식은 초기 단계에서 도움도 되고 폐해가 되는 경우도 있다. 지식은 파악되어야 할 기능을 위해 참고가 되어 분석에 도움이 되지만, 무엇이 일어났는지를 무시하고 또 무엇이 일어났어야 하는지에 초점 맞추는 것을 어렵게 함으로 지식은 폐해가 될 수도 있다. 단계 2도 마찬가지로 지식에 영향을 받는다. 일어난 사건에 관한 지식은 기능이 변할 수 있는 방식을 명확하게 나타내지만, 상상력을 제약하는 인지적인 '닻'이 될 수도 있다. 단계 3에서, 고려하여야 할 모델의 구체화는 명백히 실제로 일어난 사건이지만, FRAM은 이 구체화를 특이한 사건으로써가 아니라, 일상의 수행 변화로써 보는 방법을 제공한다. 단계 4에서는, 다른 단계와 마찬가지로 사건에 관한 지식이 도움이 되지만, 목적은 단지 일어난 특정 사건의 재발을 방지하는 것이 아니라, 수행 변동성을 관리할 수 있는지를 확인하는 것임에 유의해야 한다.

FRAM을 위험 평가에 이용하는 경우에는, 초기단계에서 분석 범위와 서술의 선명도를 규정한다. 여기에서는 분석 대상이 되는 시스템 경계의 개요가 처음으로 제공되며, 이 개요는 단계 2, 3 모두에 있어 매우 중요하다. 단계 2에서는, 모델의 구체화와 기대되는 실제 변동을 충분하고 명확하게 하기 위해, 가능성 있는 시나리오를 한정하도록 요구된다. 고전적인 위험 평가가 초기 사례나 일련의 사례들을 확장해 가는 상향식(bottom up) 방식인 것에 비해, FRAM에 의한 위험 평가는, 구체적 시나리오를 선택하기 위한 출발점으로써 모델을 사용하는 하향식(top down) 방식이다. 단계 3에서는, 한정되고 특정화된 이 시나리오를, 수행 변동성의 결과가 기능공명의 형태로 상호작용하는 방법을 조사하는 것에 의해 진행한다. 단계 4에서는, 문제를 발생시킬 가능성이 있는 수행 변동성을 어떻게 검출, 감시, 제어할 수 있는지, 특히 약화시킬 수 있는지에 대하여 생각하도록 권장한다.

FRAM을 이용하는 위험평가는, 집계된 고장율의 비교적 단순한 연산에서 모델의 구체화에 관한 이산 시뮬레이션으로 양상이 바뀐다. 다양한 출력 카테고리를 위한 확률과 불확실성의 분배에 관한 문제는 아니기 때문에, DYLAM(Dynamic Logical Analytical Methodology)이나 동적 위험 모델링 같이, 자동으로 평가가 수행될 수는 없다. FRAM에 의한 분석은, 시스템이 기능하는 조건에 맞도록 끊임없이 그 자신을 재구성하고 있다고 인식하고, 이것을 체계적으로 분석할 수 있는 방법을 제안한다.

## 제4장 논평

미주로(sneak path)란, 부품 고장에 의한 것이 아니고 시스템 내 원치 않은 교차결합에 의해 생기는 바람직하지 않은 기능 또는 바람직한 기능의 저해를 가리킨다. 최초 미주로의 존재는 전기 회로에서 발견되어 미주회로(sneak circuit)로 불렸다. 최초로 확인된 것은, 1960년 11월 21일 머큐리 캡슐과 함께 레드스톤 로켓 발사시의 일이었다. 단 2초가량의 수인치 '비행' 후, 엔진이 멈추고 본체는 발사대 위에 남았다. 분석 결과, 로켓과 발사대를 연결하고 있는 꼬리 부분의 플러그가 본래 순서와는 반대로 컨트롤 케이블을 빼기 전에 너무 빨리 뽑아버려, 그것에 의해 엔진 정지의 원인으로 미주회로 또는 미주로가 생겼다. 이러한 미주로의 존재로 인해, 잘못된 것이 없었을 때 조차 바라지 않는 결과가 생길 수 있다는 것을 알게 되었다.

설계된 작업(work－as－imagined)과 실행된 작업(work－as－done)은 인간공학 문헌에서 자주 사용되는 표현으로, 사람들이 무엇인가 가정하거나 기대할 때와 실제로 무엇인가 할 때 큰 차이가 있을 수 있음을 지적할 때 사용된다. 설계된 작업은 설계자, 관리자, 규제기관과 당국이 일어나거나 일어난다고 생각하는 것을 나타내며, 실행된 작업이란 실제로 행해진 것을 나타낸다. 이 차이는 그것을 보는 사람에 따라, 불이행, 위반, 실수 등이거나 수행 조정과 임기응변으로써 분류될 수 있다. 이것에 관한 안전 관점에서의 초기 논의는 Turner, B.(1978), *Man－Made Disasters*, London : Wykeham에서 볼 수 있다.

DYLAM은 동적 사건수목을 이용한 인적오류의 위험평가를 위한 소프트웨어 툴이다. DYLAM에서는 요소의 고장 확률을 포함하여 사건의 동적 모의시험에 근거하여 분석한다. 이 툴에 의해 종이와 연필에 의한 수작업 분석보다 훨씬 더 많은 조건의 결합이 가능해졌다. 이하 문헌에 DYLAM에 관하여 설명되어 있다. Cacciabue, P.C., Amendola, A. and Cojazzi, G.(1986), Dynamic logical analytical methodology versus fault tree : The case of the auxiliary feedwater system of a nuclear power plant, *Nuclear Technology*, 74(2), 195.

CHAPTER 05

# [방법] 기능 확인과 설명 (단계 1)

FRAM의 시작 단계는, 일상의 작업을 성공시키기 위해 요구되는 기능을 확인하는 것이다. 그 목적은, 그 기능을 '전체의 과업'으로써 서술하기보다 일상의 활동으로써 무엇이 어떻게 행해지고 있는가를 자세히 서술하기 위한 것이다.

인적 요인, 인간 공학, 심리학에서는, '과업'과 '활동' 또는 이느 한 쪽을 인급하는 것은 일반적이며, 인간공학의 일반 문헌에서는 그 두 가지의 용어는 구별하지 않고 사용되며 실제로 동의어로써 취급된다. 그러나, 두 용어는 전혀 다른 작업을 서술하기 위해서도 사용된다. 이 경우, '과업'은 명확하게 규정되어 있는 것으로써의 작업, 실행되거나 설계된 작업(work－as－imagined)으로 기대 또는 예상되어 있는 것으로써의 작업을 의미하며, '활동'은 실제로 실행되었거나 또는 실행된 작업(work－as－done)을 나타낸다. FRAM은 일어날 것으로 예상되거나 예상되었던 것이기보다, 실제로 일어나거나 일어났던 것 또는 일어날 개연성이 있는 것을 다루므로, 그 기능은 과업보다는 활동을 나타낸다. 사고 조사의 경우 기능은 실제로 발생한 것을 나타내야 하므로 그렇게 놀라운 일은 아니지만, 위험 평가의 경우에는 이상화된(idealized) 기능으로 인하여 평가가 과업으로 될 것인지, 실제의 기능으로 인하여 평가가 활동으로 될 것인지에 대한 차이가 나타난다. 만약 이상화된 기능 또는 설계된 작업이 이용되는 것이라면, 실제로 일어났던 것은 '오류', '위반', '불이행'으로 서술되므로 일탈적인 행동 또는 일탈로 간주되는 것은 사실상 불가피하다. 반면에 만일 실제의 기능 또는 실행된 작업으로 이용되는 것이라면, 그와 같은 비판적인 용어(오류, 위반, 불이행 등)에 의존할 필요성은 없어진다.

'기능'이라는 용어는, 약간의 설명을 필요로 한다. FRAM은 하나의 수량(인수)이 다른 수량(값)을 완전히 결정하는 수학적인 관계를 나타내는 '기능'이라는 용어를 사용하지는 않는다. FRAM에서는 목적을 달성하기 위해 필요한 수단을 나타내는 목적-수단 관계로써 '기능'이라는 용어를 사용한다. 보다 일반적으로, 기능은 확실한 결과를 만들기 위해 요구되는 활동이나 일련의 활동을 가리킨다. 기능은 사람들이 —개인적이든 집단적이든— 특정 목적을 달성하기 위해 하여야 하는 것을 나타낸다. 기능은 조직이 수행하는 것을 나타낼 수도 있다. 예를 들어, 응급실의 기능은 들어오는 환자를 치료하는 곳이다. 기능은, 기술적 시스템이 그 자체로 실행되거나(자동화된 기능), 한명 이상의 사람들과의 협력 하에 행해지는 것(상호 작용적 기능 또는 공동 작업)을 나타낼 수 있다.

## 1 어떻게 기능을 확인할 수 있나?

조사대상의 상황이 이미 발생했던 일이라면, 많은 경우 현존하는 사건 설명이 기능을 확인하기 위한 필요 정보의 대부분을 얻을 수 있게 해준다. 사건은 흔히 결과로 이어지는 행위의 순서로, 예를 들어 사건 연대표와 같은 형태로 표현된다. 이 경우, 적어도 출발점으로써는 각 단계 또는 행위는 기능에 부합한다고 가정할 수 있다. 위험 평가에 있어서는 기대분석을 위하여 시간표는 종종 안전지침과 같은 특정 시나리오의 형태로 이용된다. 그렇지 않으면, 하기에 설명하는 것과 같은 기능을 확인하기 위해 별도의 기반을 찾아야 한다.

### 1) 기능 확인을 위한 기반으로써 과업 분석

과업 분석의 목적은 특정 또는 일련의 과업들의 기본적 특징을 특정하고 확인하며 명확하게 서술하는 것이다. 옥스퍼드 소사전에 따르면, 과업이란 '행해져야 할 일의 단편'이며, 일반적으로는 특정 목적을 달성하기 위해 수행되어야 할 일이나 활동이라는 의미로 받아들여진다. 그러므로, 과업 분석이란 '특정 목적을 달성하기 위해 사람들이 —개인적 또는 집단적으로— 하여야 하는 것에 대한 검토'라고 정의할 수 있다.

전반적인 과업은, 보조 과업이나 활동의 '단순한 순서'로 설명 가능한 것도 종종 있지만, 통상적으로 과업 분석은 단순 결합부터 복잡한 계층까지의 다양한 범위로 조직화된 하부 과업을 포함하게 된다. 이것은 계층적 과업분석(HTA : Hierarchical Task Analysis)이라고 불리며 일반적으로 사용되는 접근 방법으로 요약된다. HTA에서는, 과업을 보조 과업으로 분해하고 기본적 과업 단계에 도달할 때까지 이 프로세스를 반복한다. 각 보조 과업은 그 목적과, 목적을 달성하기 위해 필요한 활동 그리고 목적 달성을 나타내는 기준의 관점에서 특정할 수 있다. 일련의 보조 과업과 상위 과업의 관계는 계획, 절차, 규칙 선택 또는 일정관리 방침에 따라 결정된다.

HTA의 간단한 예를 [그림 5.1]에 나타내었다. 그림은 현금 자동인출기(ATM : Automated Teller Machine)를 사용해 은행 계좌에서 현금을 인출하는데 필요한 단계를 나타내고 있다. 그림에서 보는 바와 같이, HTA는 주 과업의 순서를 정의하는 상위 단계와 각 특정 활동 또는 일련의 활동들에 부합하는 보조 과업을 나타내는 하위 단계를 포함하고 있다. 명백하게 각각의 보조 과업을 보다 상세하게 서술하는 것이 가능하고, 반복해서 실행할 수 있다. 이는 궁극적인 '최하위' 단계의 서술은 없음을 의미함과 동시에 '기본 과업'이란 무엇인가, 즉 HTA의 정지 규칙은 무엇인가라는 질문을 제기한다.

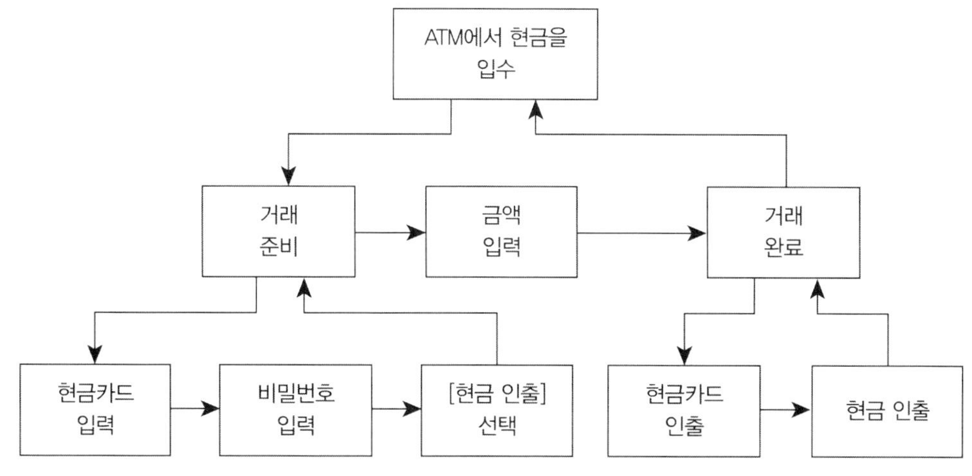


[그림 5.1] ATM에서 현금 인출에 관한 계층적 과업 분석

보조 과업이 어떻게 항상 전개되는지에 대한 예로써, [그림 5.1]의 '비밀번호 입력'을 생각하자. 대부분의 사람들은 비밀번호를 어떻게 입력하는지를 알기 때문에 중요한 기본 과업으로써 이미 받아들이고 있을 것이다. 그렇지만 이것을 더 자세하게 서술할 수 있다. 예를 들어 다음과 같이 <첫 번째 숫자키를 누른다> <두 번째 숫자키를 누른다> <세 번째 숫자키를 누른다> <네 번째 숫자키를 누른다> <ACCEPT키를 누른다>. 이는 '비밀번호 입력'이 반드시 기본 과업일 필요는 없으며, 다른 4개의 보조 과업도 각각 더 분해될 수 있다는 것을 나타낸다.

예금 인출 상황의 FRAM분석은 다음 기능을 식별하는 기반으로써 HTA를 이용할 수 있다 : <금액 입력> <비밀번호 입력> <ATM에서 현금 입수> <현금카드 입력> <현금 인출> <신용카드 인출> <현금인출 선택>. HTA가 기능 간 시간적 관계를 서술하고 있는 반면에 [그림 5.1], FRAM모델에서는 기능이 실행되는 순서에 대해서는 명시적으로 표현되지 않는다. 그러므로 FRAM모델에서 이러한 7가지의 기능은, HTA의 그림과 같이 일어났던 순서가 아니고 알파벳 순으로 나열되어 있다. 기능이 확인되었다면, 다음 단계는 각각의 기능을 최대 6개의 측면으로 특징짓는 것이다. 그 각 측면의 서술은 기능간의 잠재적 관계 가능성을 정의하는 것이며, 그것은 HTA에 의해 파악된 관계성과 같을 필요는 없다.

HTA와 같은 과업 분석에 대한 대안으로는 목적-수단 분석을 이용하는 것이다. 20세기 초 이전에는 과업 분석이 체계적으로 사용되지 않았던 반면, 목적-수단 분석의 원리는 적어도 아리스토텔레스 시대로 거슬러 올라간다. 이는 우리가 상상할 수 있는 먼 옛날부터, 전체를 부분으로 분해하는 것은 인간의 사고방식에서 신뢰받아온 방법이기 때문에 그리 놀라운 일은 아니다. 특히 제2차 산업혁명 이후 일의 물리적 본질은 역사를 통해 변해왔지만, 일이 어떻게 행해지는가는 일을 위해 이용될 수 있는 기술의 수준과는 무관하게 논리적으로 기술될 수 있다.

### 2) 과업 vs 기능의 서술

과업의 설명은 통상 명료한 구조를 갖는다. 그것은 과업을 서로 구성하는 기능을 확인하고 특징지을 뿐만 아니라 실행 순서의 관점에서 서로 어떻게 관계하고 있는가를 나타낸다. 그러므로 어디에서부터 서술을 시작해야 하는지, 어디에서 마무리해야 하는지는 명확하다. 기본적인 구성원리는, 각 단계의 과업을 정해진 목표로 실행 에이전트를 근접시키는 것이다. 따라서, 이것은 분해의 원리이기도 하다.

사건 시간순서도(Event timeline)나 HTA와 같은 기존 과업 분석의 대부분의 접근방법은 기능들과 그것들이 어떻게 관계하는지를 서술한다. 그 관계는 연대표와 같이 시간적이거나, HTA와 같이 제어 관련이거나 상위-종속 관계가 될 수 있다. 어느 쪽이든, 기능의 서술과 기능을 그 일부로 하는 과업의 서술을 명확하게 구별하는 것이 중요하다.

FRAM분석은, 처음 단계부터 시작을 하든 진행 단계부터 시작을 하든, 과업 분석과 같은 방법으로 실행할 수 있다. FRAM분석은 어떤 기능부터라도 시작할 수 있으며, 예를 들어 과업이나 검토된 시나리오에 대해서 매우 중요하게 나타난다. 각각의 기능을 세부적으로 설명함으로써, FRAM은 과업이나 활동의 완전하고 일관된 서술을 제공하기 위해 필요한 다른 기능을 반복적으로 확인한다.

### 3) 사각형과 화살표

행동, 사건, 프로세스 혹은 기능을 흐름도(flowcharts)로 나타내는 것은 일반적이다. 즉, 프로세스의 요소와 연결자를 나타내는 사각형이나 다른 형태들, 프로세스의 요소들 간 관계를 나타내는 화살표나 각종 선들이 있다. 흐름도는 1920년대 초부터 일의 순서를 나타내기 위해 사용되어, 1940년대에는 컴퓨터 알고리즘을 실증하기 위해 채택되었다. 오늘날 흐름도는 시스템이 어떻게 기능하는지를 자세히 설명하기 위한 표준방법이다.

흐름도의 한 가지 약점은, 각 프로세스의 요소들을 연결하는 화살표 또는 각종 선들이 통상 분명한 의미나 해석이 부족하다는 것이다. 이것은 어떤 영향력을 나타내지만 정확하게 직감적으로 이해되거나 당연한 것으로 받아들여지므로 분명하게 설명하지 않는다. [그림 5.1]과 같이 과업 분석 도표에서, 만일 과업 A가 실행되면 과업 B가 이어진다는 의미로, 선들은 활동이나 제어의 이동을 나타낸다. 그 외 프로세스 도표와 같이, 선들은 두 기능 간 또는 시스템 요소간의 이동(정보, 에너지, 물질)을 나타낼 수 있다.

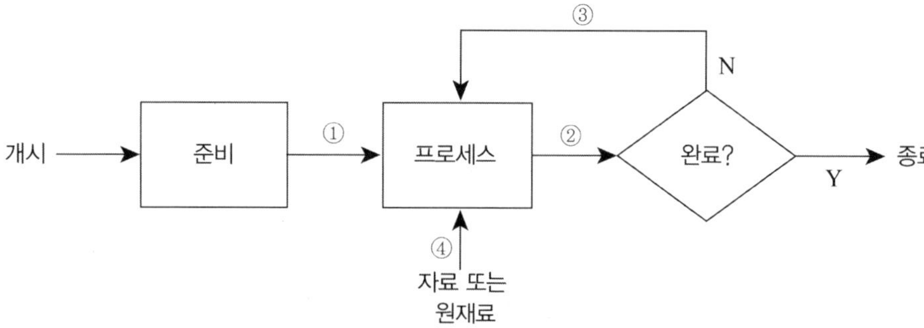

**[그림 5.2] 단순한 흐름도**

흐름도의 단순한 예를 [그림 5.2]에 나타내었다. 이 그림에서 연결 ①은 시간적인 관계나 정보의 전달을 나타낼 수 있다. '프로세스'는 3개의 입력과 1개의 출력을 갖고 있다. 연결 ③이 논리적인 연결 —또는 정보일 가능성— 인 반면에, 연결 ④는, 짐작컨대 프로세스에 의해 사용되는 어떤 전달이다. 연결 ②는, 프로세스의 주기가 완료될 때마다 직무가 완료되었는지 아닌지를 결정하기 위해 실험이 실행된다는 의미에서 제어의 이동이다. 만일 답이 No이면 프로세스는 반복되고, Yes이면 종료한다.

이러한 단순한 흐름 도표에서조차, 분명하게 정의되어 있지는 않지만 적어도 3가지 다른 종류의 연결을 포함하고 있다. 그 대신, 이용자는 그 화살표가 무엇을 의미하는지를 이해하므로 빠져있는 정보를 알 수 있는, 몇몇의 타당한 이유로 확실하고 단순하게 가정되어 있다. [그림 5.2]의 또 다른 특징은, 3가지 주요 기능의 순서가 명확하게 표시되어 있다는 점이다. 따라서 3가지 기능은 항상 [<준비>－<프로세스>－<완료?>]의 순서로 이루어지고, 마지막 두 단계는 반복될 가능성이 있다.

이것에 대해서, FRAM에서는 [그림 5.2]의 3가지 기능이 있다는 것을 단순하게 인식하고 그것을 [<완료?> <준비> <프로세스>]의 무순서 조합으로 나타낸다. FRAM은 가령 선에 의해 연결된 사각형과 같이 기능을 서로 분명하게 연결하거나 관련짓지 않는다. 그 대신, 각각의 기능이 몇 개의 측면으로 특징지어져 있고, 이는 기능간의 관계 가능성(결합)을 이끌어 낼 수 있다.

가계도(family tree)부터 흐름도까지, 관계에 대한 다수의 도해를 생각해 보면, 일반적으로 사용되고 있는 선과 화살표의 의미는 다음과 같다.

[표 5.1] 선과 화살표의 통상 사용 의미

| 관계 | 설명 예 |
|---|---|
| 인과적 | A는 B의 원인이며, B는 A의 결과이다. |
| 시간적 | B 전에 A가 발생한다. 또는 A는 B의 전조이다. 이것은 흐름으로 볼 수 있고, 흐름도의 기초가 된다. |
| 추상-구체 | A는 B의 모체 또는 전체 집합이다. B는 A의 자식 또는 부분집합이다. 이것은 대부분 분류법의 기초이다. |
| 이동 | 무엇인가(에너지, 물질, 정보) A에서 B로 간다. |
| 제어 | A가 B를 제어한다. B가 다수의 행위로 구성되어 있다면, A는 실행 순서를 결정한다. |
| 순서관계 | A는 B의 앞이다(통상, 시간이나 흐름 관계를 의미하지만 특정되지 않을 수 있다). |
| 변화 | A의 변화가 B의 비례적 (또는 반비례적) 변화를 일으킨다(이것은 증폭-감쇠의 경우로 볼 수도 있다). |

선과 화살표의 중요한 의미에 있어 이러한 불완전하고 비체계적인 표조차, 그 의미 해석이 이용자에게 맡겨지지 않도록, 어떤 분류가 분명히 필요하다는 것을 입증한다. FRAM은 이 문제를 인식하고 기능 간 5가지 특정 관계의 서술 방법을 제공한다.

### 4) 화살표와 선의 의미 부여

흐름도에서 사용된 화살표나 선은 항상 의미 —혹은 의미론적인— 를 갖고 있기 때문에, 그것을 명백하게 하는 것이 좋은 생각이다. 이것은 표현을 보다 강하게 나타내는 것뿐만 아니라 오해의 가능성도 저감시킬 것이다.

연결의 의미를 명확하게 규정할 필요성은, 물론 몇 번이고 인식되어 왔으며 몇 가지 방법에 의해 다루어졌다. 그 한 가지 좋은 예가, 구조적 분석 설계 기법 SADT (Structured Analysis and Design Technique)이다. 이 기법은 소프트웨어 공학에서 기능의 계층적 구조로써 시스템을 설명하기 위해 개발되었다. SADT의 기본적 요소는 활동이다. 그러나 일반적인 흐름도와는 달리, 각각의 활동은 명확하게 규정된 4종류의 관계에 의해 설명된다.

- 활동으로의 '입력'은 활동에 의해 요구되는 자료 또는 소모품을 나타낸다. 입력은 좌측에서 온다.

- 활동으로부터의 '출력'은 활동에 의해 생성된 자료나 결과물을 나타낸다. 출력은 우측으로 나간다.
- '제어'는 활동의 실행에 영향을 주지만 소모되지 않는 명령어를 나타낸다. 제어는 위에서 온다.
- '방법'은 부품이나 도구와 같이 활동을 완수하기 위해 필요한 수단을 나타낸다. 방법은 아래에서 온다.

SADT 도표에서 연결의 의미는, [그림 5.3]과 같이, 그것이 어떻게 행위에 들어가고 나가는가(흐름도의 [사각형])에 의해 표시된다.

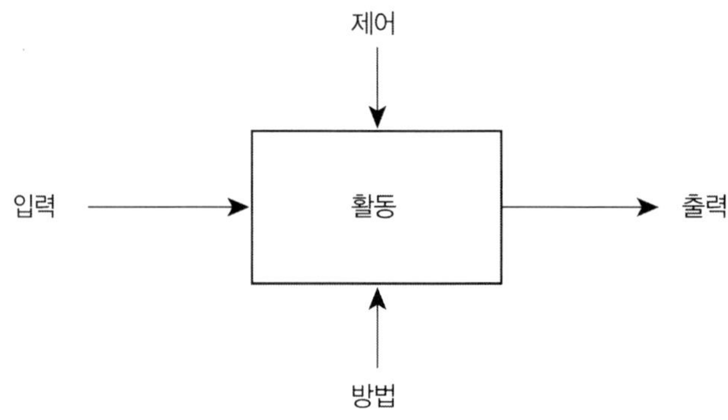


[그림 5.3] SADT 활동

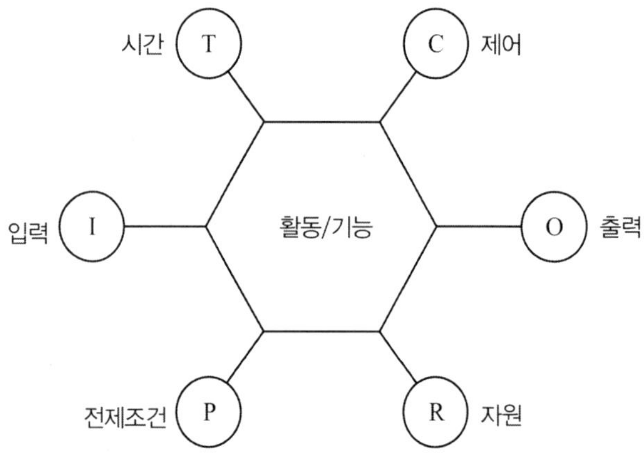


[그림 5.4] 기능 표현의 육각형

FRAM에서 기능간의 연결 또는 결합은 SADT와 같이 잘 규정되지만, FRAM모델은 도표이기 보다 기능의 서술이기 때문에 화살표는 없다. 연결의 의미가 특정 위치나 방향으로 결부되어 있는 것도 아니다. FRAM 도표 작성에 있어서 습관적인 전통이 있다 하더라도([그림 5.4] 참조), 연결은 원칙적으로 어디라도 놓일 수 있다. 기능은 열거하거나 또는 도표에 어떤 특별한 방법으로 —예를 들면, 왼쪽에서 오른쪽으로 또는 위에서 아래로— 배치할 필요가 없기 때문이다.

또 FRAM은 기능 자체와 그 기능들이 연결되거나 결합되는 방식은 명확하게 구분한다. 1단계의 첫 번째 부분은 기능이 어떻게 확인될 수 있는지를 다루었고, 두 번째 부분은 잠재적 및 실제적으로 어떻게 기능이 결합될 수 있는지를 결정하기 위해 기능의 특성화가 어떻게 이용될 수 있는지를 설명한다.

## 2 6가지 측면

FRAM에서, 기능은 아래에 나타내는 6가지의 다른 측면 또는 특징에 의해 구분할 수 있다.

- 입력(I) : 기능을 진행하거나 변형하는 것 또는 시작하는 것
- 출력(O) : 기능의 결과이며, 어떤 실체나 상태 변화
- 전제조건(P) : 기능이 실행되기 전에 존재해야 하는 조건
- 자원(R) : 기능이 실행될 때 필요로 하는 것(실행조건), 또는 출력을 제공하기 위해 소모되는 것
- 시간(T) : 기능에 영향을 주는 시간적 제약(개시, 종료, 지속시간에 관하여)
- 제어(C) : 기능이 어떻게 감시되거나 제어되는지에 대한 것

FRAM의 기능은, [그림 5.4]와 같이, 각 정점이 한 가지의 측면에 대응하는 육각형 그림으로 나타낸다. 각 정점은 꼬리표가 있으며 FRAM모델의 그래픽 랜더링은 그림

과 같이 항상 육각형을 지향하여야 할 필요는 없지만 그렇게 하는 것이 편리할 것이다. FRAM 분석은 그림 표현보다도 언어적 서술에 근거해야 하기 때문에 육각형의 방향은 어쨌든 그리 중요하지 않다(이 점은 아래에 상세하게 언급된다).

6가지 측면 각각에 대해서는 아래 항에서 보다 상세하게 설명된다. 애매한 가능성을 줄이기 위해 각 측면은 대문자 첫 글자를 붙인다. 이런 방법으로 I(입력)는, 아래 정의하는 것처럼 입력(Input)을 나타내는 기능 측면을 의미한다. 한편, 입력(input)은 상류기능으로부터 출력을 받을 수 있는 다른 4가지 기능 측면도 나타낸다.

## 1) 입력

입력기능은 전통적으로 출력을 만들기 위한 기능에 의해 사용되거나 변형되는 것으로써 규정된다. 입력은 물질, 에너지 또는 정보를 나타낸다. 이 정의는 흐름도나 P&ID(Process and Instrumentation Diagrams), 프로세스도, 논리회로 등의 일반적인 용어 사용과 일치한다. 그러나 FRAM에서는 또 하나의 중요한 의미가 있다. 즉, 기능을 활성화하거나 시작하는 것으로써의 입력이다.

이 의미에서 입력은 무엇인가 시작하는 것에 대한 승인이나 지시일 수 있고, 물론 그것은 기능에 의해 검지되고 인식되어야 한다. 이것은 명목상 데이터로 볼 수 있지만, 기본적으로 입력은 기능을 시작할 수 있다는 신호로써 작용한다. 기술적으로 말하면, 입력은 물질이나 에너지였던 것처럼 환경의 상태 변화를 나타낸다. 예를 들어 입력이 승인이나 작업지시였다면, 입력이 오기 전의 상태는 [승인의 존재 : 부(False)], 입력이 온 후의 상태는 [승인의 존재 : 정(True)]이다. 즉, 상태가 [부]에서 [정]으로 변했을 때 기능은 시작할 수 있다. 이 상태의 변화는 예를 들어, 미결 서류함의 서류 한 장, 요리사에게 주문, 응급실에 도착하는 환자 또는 화물선에 적재를 기다리는 자동차가 더 이상 없다는 사실 등과 같은 구체적인 것이 될 수 있다. 또한 상태의 변화는 위협에 대한 경고수준이나 WHO의 조류 인플루엔자 경계 수준과 같은, 상징적이거나 추상적인 것일 수 있다.

기능을 시작하는 표시에 대한 신호로써 입력의 역할은, 기능의 변동이 어떻게 생길 수 있는가를 제안한다. 그 변동의 검출 임계값이 너무 높거나 낮을 가능성이 있고, 입력은 잘못 해석되거나 다른 무엇인가로 잘못 판단되는 일이 있을 수 있다. 이에 대한 자세한 내용은 제6장에서 언급된다.

흐름도나 유사한 도표에서, 선이나 화살표로 입력－출력의 관계를 나타내는 것이 일반적이나 FRAM에서는 그렇지 않다. 대신, 입력 ―또는 여러 입력들― 은 하나 이상 있을 수 있기 때문에 단순히 한 기능의 한 가지 측면이다. 분명히 기능에 대한 입력은 적어도 다른 하나의 기능으로부터 출력에 대응하여야 한다. FRAM에서는 그와 같은 관련성이 존재하는 것을 확인하게 된다. 이 관련성은 잠재적인 것이며 기능 간의 실제 결합은 아니다. 실제 결합은 주어진 일련의 조건(구체화로 불리는)을 위해 존재하도록 현실적으로 상정될 수 있다. 실제 결합은 항상 잠재적인 결합의 부분 집합이지만, 그것들은 시스템 설계에 의해 의도되었던 결합과는 다를 수 있다.

거의 대부분의 기능이 입력을 갖는 반면, 그것을 항상 필요로 하는 것은 아니다. FRAM에서는, 지정된 전경(foreground) 기능은 입력을 규정해야 하는 반면, 지정된 배경(background) 기능은 입력을 가질 필요는 없다. 전경과 배경의 기능 차이는 본 장의 뒷부분에서 설명된다.

## 2) 출력

기능으로부터의 출력은, 예를 들어 입력을 처리하여 기능이 행했던 결과이다. 그러므로 출력은 물질, 에너지, 정보(보내진 명령어나 의사결정의 결과로써)를 나타낸다. 출력은 시스템 또는 하나 이상의 출력 매개변수의 상태 변화를 나타내는 것으로 볼 수 있다. ATM에서 현금을 인출하는 단순한 예에서, 출력은 그 사람이 지금 갖고 있는 현금이라고 설명할 수 있거나(이 경우 출력은 재료 또는 물질이라고 할 수 있다), 또는 상태 변화, 예를 들어 [사람이 돈을 갖고 있다 : 정(True)]이라고 설명할 수도 있다. 물론 출력은 하류 기능을 시작하는 신호로도 나타낼 수 있다.

출력은 시스템 내에서 변동성이 어느 정도 전파될 수 있는지를 설명하기 위해 중요하다. 어떠한 이유로 기능이 변동한다면, 출력도 어떻게 해서든 다시 변동된다고 가정하여야 한다(사실, 출력이 변동하지 않는다면, 기능의 변동성을 고려할 이유는 없다). 이미 우리는 기능에 대한 입력의 변동이, 기능이 실행되는 프로세스에서 변동으로 이

어질 수 있다는 것을 보아왔다. 기능으로부터의 출력은 다른 기능군으로의 입력이 되기 때문에, 이러한 입력의 변동은 다른 기능군에서의 변동, 그리고 그 출력의 보다 큰 변동으로 이어질 수 있다. 그렇지만, 상황은 항상 나쁜 방향으로 전개되지 않는다는 것을 주목하자. 출력이 영향을 받지 않도록, 기능은 받아들인 입력의 변동을 보상하거나 약화할 수 있다는 것이 충분히 가능하다. 사실 이것이 Resilience 시스템을 이해하는 하나의 방법이다.

### 3) 전제조건

많은 경우에 있어서 한 가지 이상의 전제 조건이 성립하기 전에는 기능을 시작할 수 없다. 이러한 전제조건은, [정(True)]이어야 할 시스템의 상태, 혹은 기능이 실행되기 전에 확인되어야 하는 조건으로써 이해될 수 있다. 좋은 예가, 'Herald of Free Enterprise호'(제9장)의 사례이며, 연락선이 항구를 떠나기 전에 성립해야 하는 3가지 전제조건이 있다. 그것은 계류용 밧줄이 수납되었을 것, 연락선의 수평자세가 잘 잡혀 있을 것, 선수부의 문이 닫혀있을 것 등이다. Herald호의 경우 첫 번째 전제조건은 만족하고 있었지만 다른 두 가지에 대해서는 만족되지 않았고, 확인조차 하지 않았다.

기능의 수행이 변동하지 않는다면, 기존의 전제조건은 기대했던 대로 확인되었을 것이라는 의미이다(만일 그렇게 요구되었다면). 그러나 전제조건의 무시가 예외라기보다 습관이 되어있을 경우, 실제로는 항상 그렇지 않다는 것이 일반적인 경험이다. 'Herald of Free Enterprise호'의 경우, 선장은 '부정적 보고' 원칙을 채용했다. 그 의미는, 부(false)의 조건을 아무도 보고하지 않았다면, (예 : 선수부의 문이 열려있는 것) 정(true)으로 가정될 수 있고, 이 경우 선수부 문이(안전하게) 닫혀 있었다고 가정한다는 것이다.

기능이 결합될 수 있는 방법을 제공하는 것과 더불어, 전제조건은 FRAM모델을 완성시키기 위해 필요한 기능을 찾도록 지원한다. 한 가지 기능에 대해 규정된 어떤 전제조건도 다른 기능으로부터의 출력에 대응하고 있어야 한다는 단순한 원칙이다. 이는 입력에 대해서도 동일하고 나머지 세 가지 측면(자원, 제어, 시간)에 대해서도 적용되는 원칙이다.

FRAM을 이용할 때 일어나는 한 가지 문제는 입력과 전제조건의 차이이다. 이 차이를 설명하기 위해 게이트에서 활주로로 이동하는 항공기의 예를 생각한다. 항공기는 활주로에 도착했을 때 ATM(관제탑)에서의 승인을 받을 때까지 활주로의 정지 위치 표식 앞에서 기다려야 한다. 항공기는 그 승인 없이는 이륙할 수 없다(적어도 조종사가 절차를 따른다면). 이 승인은 입력의 역할은 한다. 이륙은 승인을 받았을 때(또는 그 직후) 시작되기 때문이다. 만일 승인이 전제조건으로써 특정 지어졌다면, 즉 항공기가 이륙할 수 있게 되기 전에 그 조건을 기다려야 한다면, 기능을 시작하는 다른 신호(입력)가 있어야 한다. 따라서, 승인을 입력으로써 다루는 것이 이치에 맞는다. 같은 예에서, 조종사는 이륙하기 전에 이륙 점검표를 완전하게 하여야 한다. 하지만 이륙 점검표를 끝마치는 것 자체가 이륙을 허가하는 것이 아니며, 그들은 계속 ATM의 승인을 기다려야 한다. 그러므로 이륙 점검표의 완료는 이륙의 전제조건이며, 입력은 아니다.

요약하면, 전제조건은 기능이 실행되기 전에 정(true)이어야 하는 상태이지만, 그 자체가 기능을 시작하는 신호가 되는 것은 아니다. 한편, 입력은 기능을 활성화할 수 있다. 이 단순한 규칙으로, 입력으로써 서술되어야 하는지 전제조건으로써 서술되어야 하는지를 결정할 때 이용할 수 있다. 그러나 FRAM분석에서, 어떤 내용이 입력으로 분류되든 전제조건으로 분류되든, 그것이 어떻게든 FRAM모델에 포함되어 있는 한 중요하지 않다.

### 4) 자원(실행조건)

자원은 기능이 실행되는 동안 필요로 하거나 소모되는 것이다. 자원은 물질, 에너지, 정보, 능력, 소프트웨어, 도구, 인력 등을 나타낸다. 시간은 원칙적으로는 자원으로 간주될 수 있지만 특수한 상태를 갖기 때문에 별도의 측면으로 취급된다. 어떤 자원은 기능이 실행되는 동안 소모되지만 어떤 자원은 소모되지 않으므로, 전자를 자원으로 후자를 실행조건으로 구별하면 편리하다. 그 차이는, 자원은 시간 경과와 함께 적어지게 되어 기능에 의해 소모되고, 실행조건은 소모되지 않고 기능이 활성화되는 동안 이용 가능하거나 존재하고 있을 필요가 있을 뿐이라는 점이다. 전제조건과 실행조건의 차이는, 전자는 기능이 시작하기 전에 필요로 하지만 실행되는 동안에는 필요로 하지 않는다는 점이다.

자원은 대체로 물질이나 에너지를 나타낸다. 보다 일반적으로는 기능이 실행되는 동안 어떤 특정방식에서 변화하는 시스템의 특성으로 볼 수 있다. 그 변화란 일반적으로 자원은 소모된다는 의미이므로 그것을 유지하거나 보충하는 것이 필요하다. 예를 들어, 물리적 프로세스를 위한 자원은 유체의 압력이나 온도, 연료의 공급, 혹은 필요한 원재료나 부품일 수 있다. 조직적 프로세스를 위한 자원은 자본 또는 매출원(고객 수의 안정 또는 성장) 등이 될 수 있다. 요구된 시간 동안 기능을 지속할 수 있도록 하기 위해서는 충분한 양의 자원이 있든지(예 : 항공기에 탑재되는 연료), 또는 그것들을 보충할 어떤 방법이 있어야 한다(예 : 사업 운영을 유지하기 위한 대부금). 처음 단계에서 자원을 제공하거나, 사용됨으로써 그것들을 보충하는 것은, 물론 두 기능 전부 당연히 정당하게 서술되어야 한다.

실행조건은, 전형적으로 도구와 기술, 주위의 작업 조건, 데이터, 또는 정보를 나타내지만, 능력이나 기량과 같은 무형의 것도 나타낸다. 실행조건은 실행되어야 할 기능을 위해 제시되어야 하지만, 그 결과로써 소모되거나 감소하는 것은 아니다. 망치나 컴퓨터는 활동을 위해 필요할 수 있지만, 그 활동하는 동안 변화하는 것은 아니다(만일 변화한다면, 예를 들어, 매우 광범위한 활동에 의한 마모를 통해 자원으로 간주되어야 한다). 정보(지식)와 능력은 무엇인가를 하기 위해 필요할 수도 있지만, 어떤 경우는 실제로 증가하므로, 사용되거나 감소하는 것은 아니다.

어떤 것이 자원으로 취급되어야 하는지, 실행조건으로 취급되어야 하는지를 결정하는 실용적인 기준은, 그것들이 기능의 실행에 수반하여 감소하는 것인지, 또는 안정적이거나 일정하다고 추정될 수 있는지 — 즉, 그 양 혹은 질의 변화를 무시할 수 있는가이다. 전자의 경우는 자원으로, 후자의 경우에는 실행조건으로 간주되어야 한다.

자원과 실행조건은 기능 서술면에 있어서 매우 당연한 것으로 인식되므로 분명하게 규정하지 않는다. 그와 같은 당연한 실행조건의 예는 산소(사람들이 호흡할 수 있게), 빛(사람들이 볼 수 있게) 등이다. 자원이나 실행조건이 일반적으로 이용 가능하고 크게 변동하지 않는다고 가정할 수 있다면, 그것이 모델에 포함될 필요는 없다. 실제로 이것은 실용적 필요성이며, 그렇지 않다면 전 세계를 포함하여야 하기 때문이다. 물론 자원의 이용 가능성에 관한 가정이 잘못되지 않았는지에 대한 불안감은 항상 따라다닌다. 그러나, 이것은 어떤 분석에서도 피할 수 없는 ETTO 조건이다.

## 5) 제어

제어 또는 제어 입력은 원하는 출력을 얻을 수 있도록 기능을 감시하고 조정하는 것이다. 제어는 계획, 일정, 절차, 일련의 지침이나 지시, 프로그램(알고리즘), 계측과 수정 등의 기능성이 될 수 있다.

모든 기능은 내부에서 구축되든 외부에서 제공된 것이든, 일종의 제어를 가져야 한다. 예를 들어, [그림 5.1]의 '금액입력' 기능을 생각해 보자. 그 그림에서는 한 가지 기능을 나타내지만, 그것은 각각의 자릿수를 입력하는 순서로 더욱 상세하게 분석할 수 있다. 그러나 그 자릿수를 입력하는 것 조차 단순한 지각운동의 행동이 아니고 일종의 제어를 필요로 한다. 그러나 FRAM분석에서는 외부의 근원을 가진 제어를 서술하는 것으로 충분하다. 이것은 예를 들면, 설계부문에 의해 구축된 절차, 규제기관이나 회사 경영에 의해 개발된 지침, 조립 또는 해체를 위한 세부 지시 등이다. 다시 말하면, 제어는 기능에 관련된 분명한 지시(넓은 의미에서)를 나타내고, 그 지시는 (아마도) 목적 달성을 위해 필요한 것이다. 그것들은 표준적이거나 규칙적인 지시, 또는 특정 상황에서의 특정 지시 즉, 임시 지침이나 일련의 예외사항이 될 수 있다. 제어는 인간을 위해 그 일에 대한 기대나 주의해야 하는 것 등도 될 수 있다. 다른 말로, 제어는 무엇인가 그들이 알고 있는 것(기억하거나 배운 것)이거나, 외적인(상징적인) 표현을 가진 어떤 것이며, 사람들이 기능을 실행하는 동안 적용되는 것이다.

제어의 다른 형태는 사회적 제어와 예상이다. '외적' 사회적 제어란, 예를 들어 회사나 경영층 같은 다른 사람들의 예상이며, '내적' 사회적 제어란, 예를 들어 우리가 일의 계획을 세울 때 그리고 언제 어떻게 그것을 할지 자기 자신에 대해 명확하게 하는 것이다. 내적 사회적 제어는 일종의 자기 제어성으로 볼 수 있다. 외적 사회적 제어는 일반적으로 배경 기능(background function)으로 정해진다.

### 6) 시간

기능의 '시간' 측면은, 시간이 기능의 실행에 어떻게 영향을 미칠 수 있는지 다양한 방법을 나타낸다.

시간 또는 시간적 관계는, 제어의 한 가지 형태로써 볼 수 있다. 그 한 예는 시간이 순서적인 조건을 나타냈을 때이다(이것은 제어의 한 종류로도 볼 수 있다). 예를 들어, 어떤 한 기능은 다른 기능의 앞뒤에, 또는 다른 기능과 동시에 평행하게 중복되어 실행(또는 완료)되어야 한다. 또한 시간은 시각 또는 경과 시간에 관련하여 단독으로 기능에 관계할 수도 있다. 순서적인 조건은, 4가지의 명백한 시간적 관계를 이용하여, 상대적인 시기 조건으로써 표현될 수 있다.

1. 가장 빠른 시작시간(EST : Earliest Starting Time)
2. 가장 늦은 시작시간(LST : Latest Starting Time)
3. 가장 빠른 종료시간(EFT : Earliest Finishing Time)
4. 가장 늦은 종료시간(LFT : Latest Finishing Time)

이러한 시기조건은 구간 척도가 아니라 순서 척도로만 적용될 필요가 있는 것은 분명하다. 그와 같이 시기는 지속시간의 예상도, 측정시간(절대 시간 또는 경과 시간)의 참조도 필요로 하지 않는다. 그러나 순서적인 시기조건도 전제조건 또는 실행조건을 더욱 상세히 제공하는 것에 매우 도움이 된다. 예를 들어 시기 조건은 다른 기능이 완료된 후에 한 기능이 시작되어야 하거나, 두 기능이 동시에 실행되어야 한다.

시간은 자원을 나타내는 것으로도 볼 수 있다. 가령, 무엇인가를 어떤 특정시점(LFT) 전에 완료하여야 할 때, 또는 어느 특정 기간 이내에 완료하여야 할 때(보고서를 1주일 이내에 작성하여야 할 때처럼) 등이다. 물론, 시간은 전제조건으로도 간주할 수 있다. 예를 들어, 어떤 기능은 심야 이전에 시작해서는 안 되거나, 다른 기능이 완료되기 전에 시작해서는 안 될 때 등이다. 그러나 시간을 위에 언급된 세 가지 기능 측면의 일부라기보다, 사실 시간은 입력으로 생각될 수도 있기 때문에, 시간의 본질적 측면으로써 특별한 상태로 인식하는 것이 타당한 것으로 보인다.

## 3 기능 서술상의 문제

앞 절에서는, FRAM은 왜 6가지의 다른 측면에 의해 기능을 특징짓는지, 그 측면은 어떻게 이해되어야 하는지, 그리고 어떻게 서술되어야 하는지에 대하여 설명하였다. 이러한 기능 특성화는, 어떻게 수행이 변동하는지(제6장), 수행 변동성이 어떻게 예기치 않게 균형 잡히지 않은 결과가 만들어지게 결합하는지(제7장)에 대해 이해하는 것을 가능하게 한다. 독자의 이해에 위화감을 갖게 하는 어려움과 함께, 기능은 단순히 성공하거나 실패하는 것이 아니라, 어떻게 실행되는지에 대해 변동하는 것이다. 기능의 변동은 기능으로부터 출력의 변동을 일으킬 수 있다. 사건의 결과는, 그것이 일반적이든 과도한 것이든, 바라던 것이든 바라지 않던 것이든, 기능으로부터의 출력의 변동이라는 관점에서, 즉, 인식할 수 있는 실패의 결과가 아닌, 기능 변동의 전달로 이해할 수 있다.

그러나 기능측면뿐만 아니라 기능의 서술은 언제나 단순한 문제는 아니다. FRAM에 의해 제공되는 개념과 용어는, 어떻게 사건이 진전될 수 있는지의 이해를, 또는 어떻게 사건이 진전되었는지의 이해를 전개하기 위해서 이용될 것으로 여겨지지만, 그들 스스로 이해를 제공하는 것은 불충분하다. 주제 대상의 전문지식 없이, 안전분석이 필요하지 않은 단순한 시스템을 제외하고, 안전평가나 안전분석을 한다는 것은 불가능하다. 분석은 알고리즘적 프로세스가 아니고 함께 일하는 전문가 팀의 상호간 이해가 필요한 점진적인 전개이다. 분석 방법의 실용 가치는, 어떠한 데이터를 필요로 하는지 규정하기 위한, 관련된 결과를 지원하기 위한, 그리고 결론을 표현하기 위한 공통적인 틀을 제공하는 것이다. 방법은 어떠한 방식에서 분석을 불가피하게 제약하고, 또 방법이 다르면 그 제약의 형태도 다르다. 따라서 한가지 방식을 폭넓게 적용하기 보다, 조사의 수요에 맞추어 적절한 방법이 선택되어야 한다.

### 1) 기능은 언제 시작되고 정지하는가

FRAM은 기능을 서술하므로, 언제 기능이 시작되고 정지하는지를 규정하는 것이 중요하다. 6가지 측면의 서술을 참조하여 다음과 같은 이유에 의해 시작할 수 있다.

- 입력의 변화. 이것은 시스템 상태의 변화에 상응하고, 일반적으로 정(true)이 되는 조건으로써 서술된다. 직접적인 신호나 무엇인가 변했다고 인식하는 것이 될 수 있다.
- 시간관계. 예를 들어, 기능이 특정 시간(상대적이거나 절대적)에 시작되어야 할 때 등
- 제어관계. 예를 들어, '온도가 220℃에 도달했을 때 펌프기동'과 같은 프로세스의 단계
- 전제조건의 변화, 또는 전제조건 변화에 의해 특정된 시스템 상태의 변화. 예를 들어, 점검표의 완료 등

상기의 처음 3가지 이유에 의해 기능은 중단되거나 정지할 수 있다. 또 다른 네 번째의 이유(자원이나 실행조건을 더 이상 이용할 수 없거나 존재하지 않을 때)로도 기능은 중단되거나 정지할 수 있다.

시작과 정지의 기능은 충분히 규정되어 있지 않거나 애매할 수 있다. 그것은 잘못된 시작이나 정지가 될 수 있다는 의미이다. 예를 들어, 시간 제약은 전제조건을 무시하여 상황이 아직 갖추어지지 않았음에도 불구하고, 즉, 전제조건이 만족되지 않음에도 불구하고, 기능이 시작될 수 있다. 또는 지침서에 과도하게 매달리게 된다면, 입력에 대한 변화를 놓치거나 무시될 수 있다. 또한 사람(또는 팀)이 전제조건에 너무 주의를 기울이거나 입력에 주의를 소홀히(불균형 된 우선순위)한다면, 전제조건은 잘못된 시작을 일으킬 수 있다. 다른 방향으로, 정지조건을 간과하거나 너무 방해가 많아 제어수준을 저하시키는 것으로 인해 기능이 너무 오래 실행될 수도 있다.

## 2) 기능과 상태

기능은 언제나 무엇인가 실행될 수 있거나, 실행되고 있는 것을 서술한다. 이와 같이 서술은 언제나 활동이며 언어학 용어로는 동사구를 포함하여야 함을 의미한다. 기능의 목적은 무엇인가를 제공하거나 상태 변화를 초래하는 것이다. 기능의 결과 즉 출력은 언제나 (시스템) 상태 또는 조건의 서술이다.

'Herald of Free Enterprise호'의 예에서, <선수부 문을 닫는다>는 기능이다. 한편,

[선수부 문은 닫혀져 있다]는 상태, 즉 기능으로부터의 출력이다. 금융의 예에서(제9장) <신용 위험을 평가한다> 또는 <회사X의 위험을 평가한다>는 기능이고, [신용 위기는 용인된다]는 상태이다. 신용 위기는 결과이고, 반면에 검사나 조사 그 자체는 기능이다.

이 규칙은 사소한 것으로 생각되지만, 기능을 설명할 때 명사구와 동사구를 구분하는 것은 중요하다. 일반적인 규칙은 극히 간단하다. 기능의 이름은, 즉 무엇인가 행해진 것을 서술하는 것은 동사구이고, 반면에 어떤 측면의 이름, 즉 상태를 서술하는 것은 명사구이다.

### 3) 사각형과 화살표 재고(Revisited)

위에서 설명된 것과 같이, 흐름도의 요소를 연결하는 화살표나 선은, 일반적으로 충분히 규정된 의미를 갖지 않는다. 한편 FRAM에서는, 기능간의 결합은 명확하게 규정되어 있으며, '요소'도 명확하게 정의되어 있다. FRAM에서의 요소는 기능이며 육각형으로 나타낸다.

그렇긴 해도, FRAM모델이 기능과 그 측면의 문장적인 서술이라는 점은 강조되어야 한다. 도식적인 표현은 커뮤니케이션에는 편리하지만, FRAM분석은 도식적인 서술보다 오히려 문자에 의한 서술로 기준되어야 한다. 그 분명한 이유는 각각의 기능이 (잠재적으로) 2가 아니고 6개의 결합을 갖기 때문에, 도식은 금방 다루기 불편해진다는 것이다. 또 다른 이유는, FRAM이 특정 시나리오나 구체화에 관련된(또는 제한된) 현실의 결합이라기보다 잠재적 결합을 서술하는 것이기 때문이다. 결과적으로, 기능의 표현은 [그림 5.4]와 같은 육각형이 아니라, [표 5.2]에 나타난 것처럼 간단한 형식이 되어야 한다.

FRAM모델에서는 선험적 순서나 기능의 순위는 존재하지 않는다. FRAM모델은 상기의 포맷을 이용한 일련의 기능 서술로 구성된다. 각 측면의 공통된 서술을 갖고 있다면 기능은 잠재적으로 결합된다. 예를 들어, 어떤 것이 기능 A를 위해 출력으로 서술되고, 기능 B를 위해 전제조건으로 서술된다면, A와 B는 잠재적으로 결합된다. 전제조건의 논리적 설명에 의하면, 명목상 A는 B 이전에 실행되어야 하는 것이 된다.

[표 5.2] FRAM 틀

| 기능의 명칭 | |
|---|---|
| 측면 | 측면서술 |
| 입력(I) | |
| 출력(O) | |
| 전제조건(P) | |
| 자원(R) | |
| 제어(C) | |
| 시간(T) | |

그러나 그 모델의 주어진 구체화에서, 기능 B는 변동할 수 있고 그 때문에 너무 빠르게, 어쩌면 기능 A보다도 빠르게, 시작될 수 있다. 따라서, 한 기능에서의 출력이 다른 전제조건에 대응될 수 있다 하더라도, 어떤 한 기능이 항상 다른 기능 전에 실행된다는 것을 의미하는 것은 아니다. 사실, FRAM에 근거한 분석의 주 관점은, 모델에서의 잠재적인 결합이 구체화에 있어 어떻게 실제 결합으로 될 수 있는가를 이해하는 것이다.

### 4) 상류 기능과 하류 기능

FRAM모델에서, 잠재적 결합은 다양한 기능의 측면을 서술하는 것에 의하여 규정된다. 그러나 FRAM모델은 기능이 어떤 특정 조건(발생한 상황이거나 향후를 위해 고려할 상황)에서 어떻게 조직화되는가보다, 오히려 기능 그 자체나 특성을 서술하므로, 어떤 한 기능이 다른 기능의 앞뒤에서 실행될 것인가에 대해 언급하는 것은 불가능하다. 그것은 하나 이상의 모델 구체화를 개발함으로써 달성되는 것이다.

구체화는, 특정 조건 또는 시나리오에 관한 상세한 정보를 이용하여 모델의 사례나 특정 예시가 생성된다(따라서 '구체화' 용어 사용). 위험 평가의 경우 구체화는 모델에 근사추론 원리(if-then exercise)를 적용하는 결과로 볼 수 있다. 이것은 시나리오 안에서 나타날 (또는 활성화 될) 가능성이 있는 만큼 기능의 시간적 조직화로 이어질 것이다. 수행 변동성이 실제 결합에 영향을 미치므로 구체화는 의도된 기능의 순위나 순서와는 다를 수 있다는 것을 다시 한 번 지적한다. 사고 조사의 경우, 모델의 구체화는 그 시간에 존재했던 일련의 특정 조건과 환경이 어떻게 관측된 결과로 이어졌는지를 설명하기 위해 이용될 수 있다.

구체화가 만들어졌을 때 비로소, 기능의 시간적·인과적 관계를 생각할 수 있다. 구체화에서, 다른 기능보다 이전에 행해진, 따라서 다른 기능에 영향을 미칠 수 있는 것은 [상류기능]으로 불린다. 유사하게, 다른 기능의 뒤에 행해지는 기능, 따라서 다른 기능에 의해 영향을 받을 수 있는(또는 받은) 것은 [하류기능]으로 불린다.

기능 A가 기능 B의 전에 실행되고, 기능 B가 기능 C의 전에 실행되는 FRAM모델의 구체화를 생각해 보자. 기능 A에 대해, 기능 B는 하류기능이다. 그러나, 기능 A가 기능 B의 상류 기능인 것처럼, 기능 B는 기능 C에 대한 상류기능이다. 이와 같이 정해진 어떤 기능도, 어떤 때에는 하류 기능으로 서술되고, 또 어떤 때에는 상류 기능으로 서술된다. 단, 이 용어는 모델 그 자체에 대해서는 의미를 갖지 않고, 모델의 구체화에 대해서만 의미를 갖는다.

### 5) 전경 기능, 배경 기능, 수행도 영향 인자(Foreground Functions, Background Functions and Performance Shaping Factors)

상류와 하류 기능이 FRAM모델의 구체화에서 기능간의 시간적인 관계를 나타내는 것에 비해, 전경 기능과 배경 기능은 모델에서 기능의 상대적 중요성을 나타낸다.

연구 대상인 사건에 영향을 미치는 조건을 서술하기 위해서, 특히 그것이 인적오류의 확률인 경우, 소위 PSF의 존재를 언급하는 것은 인간 신뢰성 평가에 있어 일반적인 일이 되었다. 이와 같이 PSF는 실패 확률을 구할 때 점추정이 아닌 구간추정으로 구할 수 있게 해준다는 의미에서, 분석에 변동성을 도입하는 하나의 방법이 된다. 이 기존 방법에 있어서, PSF는 연구 대상의 현상을 위한 역할을 한 배경 요인(전후사정 또는 환경)을 나타낸다.

PSF에 대한 근거는 인간 신뢰성 평가(HRA), 즉 인간의 수행과 더 구체적으로는 '인적오류'에 있어, 공통의 초점이었다. 초점이 고정될 때, 그 나머지를 전후사정으로써 서술하는 것은 이치에 맞다. 인간 수행은 사실 대부분의 시스템 수행을, 수행이 일어나는 조건에 의존한다는 단순한 사실을 PSF는 나타낸다.

수행도(형성) 조건은 일반적으로는 요인으로써, 즉 환경 또는 전후사정 특유의 특성으로써 언급되었다. 그 요인들은 수행에 주는 영향을 산출하기 위해 이용될 수 있는 다양한 값이 할당될 수 있다. 이것은 정성적으로 하는 것도 가능하지만 대부분의 경우에 정량적으로 행해져 왔다. 그러나 요인들간의 잠재적인 관계를 설명하려는 것, 즉 수행 조건이 상호간에 어떻게 의존하고 있는지를 설명하려는 시도는 거의 없다. 사실 종래의 PSF와 같이 대부분의 경우, 그 요인들은 독립적으로 추정되고 단순히 서로를 추가하는 것에 의해 결정될 결합 효과를 쉽게 허용한다.

그러나, PSF나 수행 조건은 서로 의존하고 있고, 이것이 영향을 줄 수도 있다고 추정하는 것은 보다 합리적이다. 그러나 그것은 PSF가, 그 용어의 종래 의미에 따른 요인이 아니라, 그 자체가 변동할 수 있는 어떤 결과가 되는 것을 의미한다. FRAM의 용어에서, 요인이란 기능 그 자체 또는 기능의 결과이고, 그것들은 결과적으로 그 요인들이 영향을 준다고 추정되는(전경) 기능과 유사하다. 안전의 사고방식과 위험 평가의 진보는 이러한 FRAM의 견해를 직접적으로 지지한다. 1970년대 이후의 일반적인 경향은, 기술적인 실패에 집착했던 것에서, 처음에는 '인적오류' 그리고 나중에는 조직적인 실패나 조직문화와 같은 것들을 포함하도록 초점을 넓히는 것이었다. 그러나 초점이 인간 수행에서 조직 수행으로 변화하면, 수행 조건이나 PSF의 본질도 변해야 한다. 인간 수행이 초점이 되면 수행 조건은 조직을 포함할 수 있다. 그러나 조직이 검토의 초점이 되면 수행 조건은 경제나 정치 분위기 등과 같은, 어떤 다른 것이 되어야 한다.

FRAM은 수행 조건을 기능으로 표현하는 것에 의해, 이와 같은 수행 조건의 재정의를 불필요하게 만든다. 전경 기능은 해석되거나 평가되는 기능, 즉 조사의 초점(예를 들어, 병원의 한 병동이 어떻게 기능하는지)을 나타낸다. 배경 기능은, 검토 대상의 전경 기능에 영향을 주는 기능을 나타낸다. 다시 말하면, 배경 기능은, 전후 사정이나 작업환경이 된다. 이러한 배경 기능은 세부적인 서술이 낮아질 가능성이 있지만, 검토 대상의 기능과 마찬가지로 분명하게 서술되어야 한다.

6가지 기능 측면의 설명에서 이미 보았듯이, 입력, 전제조건, 자원/실행조건, 제어와 기타(하류) 기능을 제공하기 위한 기능의 규정이 필요할 수 있다. 많은 경우에 있어 기능은 상황 내에서는 그다지 변동하지 않는다는 것을 나타낸다고 가정될 수 있고, 그것은 기능을 자세히 모델링하거나 서술할 필요가 없다는 것을 의미한다. 이와 같이 전경과 배경 기능의 차이는 기능의 소요시간이나 역학관계를 일반적으로 나타낸다. 시각적인 전경–배경(figure–ground) 현상의 유사성을 이용하여, 우리는 PSF를 배경 기능(지각된 배경)으로 생각한다. 유사성은 전경이 배경에 대해 상대적으로만 보일 수 있는 것과 마찬가지로, 전경 기능도 배경 기능에 대해 상대적으로만 이해될 수 있다는 것을 의미한다. 그리고 전경과 배경이 전환할 수 있는 것처럼 기능도 때로는 전경으로 때로는 배경으로 될 수 있다. FRAM에서 배경 기능의 한정된 변동에 관한 가설이 타당하지 않음이 밝혀질 때 이같은 전환이 일어난다. 이것은 배경기능이 검토 대상에 포함되어야 —예로, 일련의 배경 기능에 추가— 한다는 것을 의미한다. 결국 이 같은 전환은, 모델이 완전해질 때까지 추가적 배경기능 등의 세부항목으로 이어질 수 있다.

### 6) 기능 서술상의 다른 문제들

이 절을 끝맺기 전에, 다른 기타 문제들에 대해 생각해 볼 필요가 있다. 보다 자세한 논의는 다음 기회에 하기로 하고 여기에서는 간단하게 정리하고자 한다.

- **서술의 정교함 또는 세밀함** : FRAM모델에서 다기능은 상세함의 관점에서 다양하게 서술될 수 있다. FRAM모델은 일반적으로, 가령 지정된 전경기능 같이 상세하게 서술된 기능으로 구성될 것이다. 만약 전경 기능의 수행이 중요한 변동을 할 가능성이 있다고 가정할 이유가 있다면 보다 상세한 서술로, 가령 한 가지 기능을 둘 이상의 기능으로 대체하여(분해 또는 해상도 향상) 전개하는 것이 이치에 맞는다. 유사하게, 만일 일련의 기능 또는 기능 조합에 대해 중요한 변동을 가정할 이유가 없다면, 그것들을 폐지하거나 하나의 기능으로 모으는 것이 합당하다. — 변화는 항상 반대로 될 수 있다는 것을 인식한다.
- **시스템 경계**(정지 규칙) : 이것은 어디까지 분석을 해야 하는가, 즉, FRAM모델은 언제 합리적인 수준으로 완성되는가라는 문제이다. FRAM의 서술에서 이미 보았듯이, 분석이 초기에 규정한 시스템의 경계를 넘는 것은 자주 있을 수 있다. 기능 각 측면의 서술이 그 모델에 추가적인 기능을 포함할 필요가 있기 때문이거나, 일부 배경 기능이 변동하고 그 때문에 지정된 전경 기능에 영향을 주기 때문일 수

있다. 그러한 경우, 그것들은 전경 기능으로써 다루어져야 하며, 그것에 대응하여 경계도 확장되어야 한다. 이와 같이 FRAM은 반명시적으로 내장된 정지 규칙이 있다. 즉, 분석은 설명되지 않은(또는 설명할 수 없는) 기능의 변동이 없어질 때까지 계속되어야 한다. 그것은 변동이라기보다 안정되어 있다고 가정할 수 있는 일련의 기능에 도달했다는 것과 같다. 그러나 경계는 절대적이라기보다 상대적이며, 물리적 특징이라기보다 기능적 특징을 나타낸다.

- **모델의 일관성과 완전성** : FRAM모델의 일관성을 위해 같은 상태를 나타내는 측면은 같은 이름이나 라벨을 사용할 것을 요구한다. 예를 들어, 한 측면에 [항구역은 관리된다], 다른 측면에 [항구역은 관리되었다]라고 이름 붙여져 있다고 한다면, 그들이 실제로 같은 측면을 가리키고 있는지 확인해야 한다. 그렇다고 한다면 그 이름은 완전히 똑같아야만 하며, 그렇지 않다면 그 이름들은 더 뚜렷이 다른 것이 되어야 한다. 완전성은 한 기능을 위해 서술된 모든 측면이 다른 기능군에 서술된 측면에 포함되어 있는가를 비교함으로써 확인될 수 있다. 다시 말해, 어떤 측면도 한 기능만을 위해 존재하지 않는다. 이것은 물론 일관성의 확인이 먼저 이루어져야 할 필요가 있다.
- 다른 문제는, 기능의 모든 측면이 기술되어야만 하는가라는 것이다. 그 답은 분명 그럴 필요는 없다는 것이다. 모든 전경 기능에 관해서는, 적어도 입력과 출력은 서술될 필요가 있다(만약 그것들이 대체 가능한 기능으로써 작용한다면 일부 배경 기능은 출력으로 서술하면 충분할 수 있다). 경우에 따라 또는 기능에 따라, 분석팀은 다른 측면으로 서술하는 것이 필요한지(또는 가능한지)를 결정해야만 한다. 그 판단은 구체적인 상황에서는 대체로 비교적 쉽게 할 수 있다. 더욱이 필요성이 생겼을 때 신속하게 수정할 수 있다. 즉, 단순히 한 측면의 서술을 덧붙일 수 있다. 이것은 주로, 분석이 도해적 표현보다는 FRAM 연결교점의 문자적 표현에 근거하고 있기 때문이라는 것이다. 도해적 표현에서 변경하는 것은 매우 어렵고 시간 소모가 크며 혼동하기 쉽다. 반면, 문자적 표현에서 수정은 보다 쉽지만, 일관성과 완전성은 반드시 확인되어야 한다.
- 마지막 문제는, 모든 측면이 한결같이 중요한지, 전통적으로 표현하면 모두가 다 똑같은 가중치를 가졌는가이다. 답은 분명 그렇지 않다는 것이다. 그것은 기능이

서로 많이 다르기 때문이며, 따라서 다른 방법으로 측면에 의해 결정될 수 있다. 각 측면의 중요성은 특정 기능에 관해서만 이해할 수 있다. 일부 기능에서 시간 측면은 중요할지 모르지만 다른 기능에서는 관련 없을 수도 있다. 다른 측면들에 대해서도 마찬가지이다.

## 제5장 논평

계층적 과업 분석(HTA : Hierarchical Task Analysis)은, 기본적으로 과업을 보조 과업으로 분해하고 기본 과업 단계에 도달할 때까지 이 프로세스를 반복한다. 전반적인 목적은 매우 상세하게 과업을 서술하는 것이고, 요구되는 해결 단계는 가령, 상호작용 설계, 훈련 요건, 인터페이스 설계, 위험 분석 등의 특정 목적에 달려있다. HTA의 설명은 Web상이나 수많은 핸드북 속에서 찾아볼 수 있다. 원 참고 문헌은 Annett, J. and Duncan, K. D.(1967), Task analysis and training design, *Occupational Psychology*, 41, 211~221이다.

다른 측면으로, 현재의 ubiquitous flowchart의 기원은, 업무 프로세스의 흐름을 설명하기 위해 1921년 Frank Gilbreth에 의해 고안된 'flow process chart'의 'process chart'로 거슬러 올라갈 수 있다. 다시 말해, 그 기원은 과업 분석의 초기 형태이다. 1947년 그것은 컴퓨터 프로그래밍을 위한 기본적인 표현 기법이 되어 그 이후 모든 영역의 전문적 활동으로 넓혀졌다.

구조화 분석 설계 기법(SADT : Structured Analysis and Design Technique)은, Ross, D. T.(1977), Structured analysis(SA) : A language for communicating ideas, *IEEE Transactions on Software Engineering*, SE−3(1), 16~34에 서술되었다. 그 기법은, 소프트웨어 공학 분야에서 개발되어 안전 분석에서 발전소의 기능을 모델화하기 위하여도 이용되어 왔다.

여러 가지 시간 관계의 특성화는, Allen, J.(1983), Maintaining Knowledge about temporal intervals, Communication of the ACM, 26, 832~843에 처음 나타났다. 매우 흥미 있게 읽을 수 있는 문헌이다.

인간의 작업수행도가 환경적 조건에 영향 받는다는 인식은, 1879년경 사회 심리학의 기원에서 찾아볼 수 있지만, 아마도 그보다는 더 오래 되었을 것이다. 그것은 틀림없이 가장 잘 알려진 제1세대 HRA방법인 THERP(Technique for Human Error Rate Prediction)의 중요한 일부이다. THERP에 대해서는, Swain, A. D. and Guttmann, H. E.(1983), *Handbook of Human Reliability Analysis with Emphasis on Nuclear Power Plant Applications*, NUREG/CR－1278, USNRC에 기록되어 있다.

CHAPTER 06

# [방법] 변동성의 확인 (단계 2)

제2단계의 목적은 FRAM모델을 구성하는 기능의 변동을 특징짓는 것이다. 이 단계에서는 모델에 나타나는 '잠재적 변동'과 모델의 구체화에 나타나는 예상된 '실제변동'(제5장 참조) 모두를 다루어야 하며, 어느 쪽이든, 전경과 배경 기능 양쪽을 고려할 필요가 있다. 변동성을 확인할 때 일상의 —또는 보통의— 변동과, 특이한 —상정 범위 외 —변동을 고려하여야 하며, 상정 범위 외 변동은 당연히 위협과 기회 간 종래의 구분에 부합하여 해가 되거나 득이 될 수 있다.

FRAM에서 기능들이 어떻게 결합되고 이러한 결합이 어떻게 예측하지 못한 결과를 초래하는지를 이해하기 위해서는 수행도의 변동성을 특성화하는 것이 필요하다. 모델 분석은 기능의 변동보다 기능의 출력 변동을 더욱 많이 본다는 의미이다. 다시 말해, 기능 그 자체가 변동하더라도 출력이 변동하지 않는다면, 각 기능의 변동은 원칙적으로 영향을 끼치지 않는다. 그러나, 한 기능의 출력이 변동하면 그것은 출력의 질, 더 나아가 출력의 변동을 결정하기 때문에, 한 기능의 변동이 중요하게 된다.

위에서 서술한 것을 보면, 어떤 시스템이든 한 기능으로 나타낼 수 있다. 예를 들어, 병원의 기능이라면 환자를 치료하는 것, 항공관제의 기능이라면 근접비행 사고를 회피하는 것, 연락선의 기능이라면 사람이나 화물을 한 장소에서 다른 장소로 수송하는 것 등과 같은 것이다. 이 관점에서 본다면, 많은 시스템에 있어 실제로 생기고 있는 변동은 거의 나타나지 않는다. 그러나 보다 자세하게 본다면, 즉 분석해 보면 이것은 시스템이 변동하지 않는다는 의미는 아니다. 오히려 시스템은 더욱 추상적인 설명으로 보이지 않도록, 보다 세세한 기능의 변동을 흡수할 수 있다는 의미이다.

예를 들어, LEAN이나 KAIZEN 방식의 원리에 따라 잘 가동하고 있는 차량 조립 공장에 대해 생각해 보자. 공장의 출력, 즉 차량의 생산은, 항상 높은 품질을 유지하는 면에서, 대체적으로 공장은 거의 변동을 나타내지 않는다. 그러나, 상세하게 본다면 변동은 존재하고 있다. 사실, LEAN 제조 방식의 기본적인 사고 방식 중 하나는, 최종 제품에서 결과가 나타나기 전에 부분적으로 확인과 수정이 가능하도록, 세부적인 프로세스 변동에 주의를 기울인다는 것이다. 이와 같이, 변동은 흡수되거나 내부적으로 약화되고, FRAM분석에서는 그것이 어떻게 일어나는가를 볼 수 있다. 사실 이것이 제4단계의 목적이다. 그렇긴 해도 세부적으로 볼 때조차 거의 일정한(신뢰할만한) 출력을 만들어 내는 기능이 있을 수 있으며, 그 변동에 대해서 연구하거나 분석할 필요는 없다(용어 주석 : 이후 기능의 변동을 언급할 때, 기능의 변동 결과로서 출력의 변동을 의미하지만 이것은 상당히 복잡하다. 기능의 변동과 출력의 변동이라는 두 표현은, 동의어가 아닌 것이 분명하지 않는 한 동의어로 사용된다).

원칙적으로 기능의 변동과 비교해 출력의 변동은 세 가지 다른 이유가 있다.

- 출력의 변동은 기능 그 자체의 변동 결과로 될 수 있다. 즉 기능의 성질에 기인한다. 이것은 일종의 내적 또는 내인성 변동으로 간주될 수 있다.
- 출력의 변동은 작업환경, 즉 기능이 실행되는 조건의 변동성에 기인할 수 있다. 이것은 외적, 또는 외인성 변동으로 간주될 수 있다.
- 출력의 변동은 결국 상류기능으로부터 영향력의 결과가 될 수 있고, 그 상류기능(입력, 전제조건, 자원, 제어, 시간)으로부터 출력은 변동할 수 있다. 이런 종류의 결합이 기능공명의 기초가 된다. 또한, '상·하류 기능 결합'이라 불린다.

물론, 기능의 변동은 세 가지 조건, 즉 내적 변동, 외적 변동, 상·하류간 결합의 조합(또는 연속)에 기인할 수도 있다. 본 장에서는, 첫 번째와 두 번째의 변동에 대해서만 고찰하겠다. 세 번째의 상·하류간 결합에 기인하는 변동은 제3단계 방법의 초점이다.

## 1 여러 형태의 기능의 변동성

변동을 특징짓는 한 가지 방법은, 가령 기술적 기능, 인적 기능 및 조직적 기능 같은 다른 종류의 기능을 구별하는 것이다(이러한 3가지 범주의 선택은 다른 형태의 설명을 배제하지 않는다. 그러나, 이와 같은 구별은 편리하고 광범위하게 사용된다).

- 기술적 기능은 다양한 형태의 '기계류'에 의해 실행된다. 기계류의 형태는, 해양 구조물, 집중치료실, 탄광, 항공기, 은행, 제조 라인 등 각 작업영역에 달려 있다. 대부분의 경우, 기술은 컴퓨터 기기나 정보 기술의 일부 형태를 포함하고, 데이터 수집, 보존, 처리, 분석, 송수신이 이루어진다. 이런 기술 종류는 자동화의 일부로써 시스템 내에 종종 '내장' 된다. 기술적 기능은 높은 예측성과 신뢰성을 갖추도록 설계되어 있기 때문에, FRAM에서 이 기능의 기정 추정(default assumption)은 분석 대상으로 하는 시나리오 중에 크게 변동하지 않는다. 물론, 이것은 기술적 기능이 변동할 수 없다는 것을 의미하는 것은 아니다. 실제, 기술적 기능의 변동 사례는 많이 있고, 가령, 마모와 손상에 의한 완만한 열화, 주변 조건의 결과(예 : 센서 오작동), 소프트웨어의 특이성으로 인한, 부적절한 보수로 인한 변동 등을 들 수 있다. 그러나, 그 외에 고려해야 할 이유가 없다면, 기술적 기능에 대한 FRAM분석의 기정 추정은 안정되어 있다.
- 인적 기능은 개인(개별 수행)이든, 작고 비공식적인(사회적) 집단(집단적 수행)이든, 인간에 의해 실행되는 기능을 말한다. 이미 제3장에서, 어느 정도 상세히 인적 기능의 변동에 대해서 논의했었고 주된 영향과 요인을 살펴보았다. 안전면에서, 인적 기능은 신뢰성이 낮고 '오류' 발생이 쉬운 것으로 종종 묘사되고, 인간은 오류를 만든다는 거의 근절할 수 없는 관념으로 이어진다. 그러나 이는 비판적인 견해이고 완전히 핵심을 벗어난 것이며 인간의 수행 변동성은 유해하다기보다 오히려 유용하다. 사실, 이 책을 통해 주장하는 바와 같이, 복잡한 사회·기술 시스템에 있어 수행 변동성은 불가피할 뿐만 아니라 불가결한 것이기도 하다. FRAM분석에서, 인간의 수행 변동성의 빈도(frequency)는 높고 진폭(amplitude)이 크다는 것

을 인식하는 것이 중요하다. 빈도가 높다는 것은 수행을 급격하게, 심지어 매순간에도 변화시킬 수 있다는 것을 의미한다. 인간은 변화에 매우 빠르게 반응하고, 특히 다른 사람들과의 상호작용시 빠르게 반응한다. 진폭이 크다는 것은 수행의 편차가 커질 수 있다는 것을 의미하며, 좋든 싫든 극적으로 변화하는 경우도 있다. 빈도와 진폭의 변동은 작업조건을 포함하여 다양한 사항에 달려있다. FRAM의 목적 중 하나는, 이러한 의존성을 명확하고 포괄적으로 설명하는 것이다.

- 조직적 기능은 활동 내용이 명확하게 조직된 집단 또는 그룹 단체들, 때로는 대규모 그룹에 의해 실행된다. 조직은 분명히 인간에 의해 구성되는 것이지만, 조직적 기능은 조직의 레벨에서 서술되고 규정되므로, 인적 기능과는 다르다.

  이와 같이 조직적 기능은 시스템 내에서 일을 하는 인간의 기능이라기보다 시스템 그 자체의 기능이다. 조직은 무질서한 개인이 해낼 수 있는 것을 넘어 무엇인가를 만들어내기 위해 인적 기능을 조정한다. 예를 들어, 개인은 무엇인가를 가르칠 수 있지만 조직은 교육을 제공할 수 있다. 또 개인은 무엇인가를 검사할 수 있지만, 조직은 품질관리를 제공할 수 있다. FRAM분석에서, 일반적으로 조직의 수행 변동성은 빈도는 낮지만 진폭은 크다는 것을 인식하는 것이 중요하다. 빈도가 낮다는 것은, 조직의 수행은 완만하게 변화하고 또 대체적으로 관성이 높다는 것을 의미한다. 한편, 수행 편차, 즉 진폭은 커질 수 있다. 낮은 빈도는 규칙, 규정, 방침을 변경하여 쉽게 예시되며, 또한 관성의 존재를 나타내는 것이기도 하다. 큰 진폭(또는 규모)의 예로써, 항공기 여행객에 대한 보안 검사에 대해서 반복되는 '개선안(improvements)'을 생각해 보자.

수행 변동성을 특징짓는 것은, 이른바 기능의 잠재적 변동이라고 부르는 것, 즉 변동이 예상되는지 아닌지, 또 변동한다면 어떻게 변동하는지를 나타낸다. 다음 단계에서, 내적 및 외적 변동에 대해서 살펴보고 변동 가능성을 보다 자세하게 검토한다. 내적 변동이란 한 기능이 단독으로 어떻게 변동할 것인지에 대한 문제이며, 외적변동은 작업 조건의 결과로써 어떻게 변동할 것인지에 대한 문제이고, 이것은 다른 기능들의 결과로써 볼 수 있다.

### 1) 내적(내인성) 변동

위에서 서술한 것에 따라, 우선 기술적 기능, 인적 기능, 조직적 기능이라는 세 종류의 각 변동에 대한 가능성 있는 내적 이유를 살펴본 후, 변동 가능성 있는 징후를 고려해야 한다. 즉, 어떻게 그것을 표현할 수 있는지, 또 그것이 하류 기능에 어떻게 영향을 미칠 수 있는지 등을 검토하여야 한다.

기술적 기능에 관하여, 기술 '내부의 작동'은 다루기 어렵기 때문에 수행은 변동할 수 있다. 다시 말하면, 우리들은 기술이 어떻게 작동하는지 모르고, 때로는 어떻게 작동해야 하는지 조차도 모른다. 이것은 완전한 '기계적' 시스템의 경우나 소프트웨어 시스템에서 명확하게 볼 수 있다. 변동성은 '마모나 손상' 즉, 완만하지만 피할 수 없는 기계 부품의 열화도 요인이 될 수 있다. 그러나 이것을 제외하면, 기술적 기능에 대한 내적 변동의 주된 요인은 없으며, 외적 변동의 요인은 많이 있다.

인적 기능은, 생리적 및 심리적 요인에 따라 변동이 생길 수 있다(사회적 요인은 변동의 외적요인으로 간주된다. 사회적 요인에는 다른 사람의 기대를 스스로 인식하거나 상상하는 것도 포함할 수 있기 때문에, 이것은 명백하게 주장할 수 있다). 생리적 요소 중에 가장 깊이 연구되고 있는 것은 피로와 스트레스(업무량)이다. 그 밖에 생체리듬, 행복(질병), 다양한 생리적 욕구(입력과 출력 관련하여), 일반적인 장해 등을 들 수 있다.

심리적 요인은, 특성과 성향, 경험적 판단, 경험적 결정, 문제 해결의 방법, 인식의 방법과 같은 것들을 포함하는 잡다한 사항들이다. 완벽하거나 대표적인 리스트를 주는 것은 너무 세세한 것들이 나오기 때문에 현재의 목적상 영역을 벗어난다. 위에서 언급한 바와 같이, 다른 사람이 자신에게 기대하는 것에 대해 '인지' 하는 것을 서술한다면, 사회적 요인은 일종의 심리적 요인으로써 여기에 포함될 수 있다. 그러나 실용적 이유로는 이들은 외적 요인으로 분류한다.

조직적 기능은, 커뮤니케이션의 유효성, 권위적 상하관계, 신뢰, 조직상의 기억, 조직문화(유연, 비유연) 등과 같은 몇 가지 요인에 의해 변동이 생길 수 있다. 학술 논문에는 조직문화를 특징짓는 여러 방법을 제안한다. 예를 들면, 권력문화, 역할문화, 과업 문화, 인간문화와 같은 것을 들 수 있다. FRAM분석의 협의를 위한 결론은, 조직적 기능은 그들 내부와 스스로 변동할 수 있는 많은 방법이 있다는 것이다.

[표 6.1] 내적(내인성) 변동

| | 수행 변동성의 내적 요인 | 수행 변동성 가능성(불이행 평가) |
|---|---|---|
| 기술적 기능 | 거의 없음, 잘 알려짐 | 낮음 |
| 인적 기능 | 매우 많음, 생리적·심리적 | 빈도 높음, 진폭 큼 |
| 조직적 기능 | 많음, 기능특성 또는 '문화'와 관련 | 빈도 낮음, 진폭 큼 |

수행 변동성에 대한 수많은 요인들의 실례는, 수행 변동성인지 아닌지를 초기 단계에서 평가할 때 도움이 될 수 있다. 이러한 내용은 [표 6.1]에 요약되어 있다.

## 2) 외적(외인성) 변동

상기 설명을 바탕으로, 외적 요인에 대한 기술적 기능, 인적 기능, 조직적 기능 각각의 변동을 살펴본다.

부적절한 유지보수 때문에 기술적 기능의 수행은 변동할 수 있다. 즉, 기술이나 '기계류'는 요구사항 또는 설계 사양을 만족하지 못한다는 의미이다. 우선 기계의 내적인 마모나 손상 때문에 유지보수의 필요성이 생겨난 것이라고 주장할 수 있지만, 기본적으로는 외적요인으로 취해진다. 다른 외적 요인으로써 들 수 있는 것은, 주위의 작동조건, 특히 그것들이 설계 사양을 초과할 경우 : 외적 조건(가령 피토우관의 동결)에 의한 센서 고장 : 과부하, 과속, 과도한 스트레스, 부적절한 사용(사용 목적과 다른 목적으로 사용된 기술) 등이다.

인적 기능은, 주요 외적 요인으로써 기술 및 조직에 의한 것이 존재한다. 그 외에도 어떻게 보느냐에 따라 다른 사람들이나 조직으로 될 수 있는 사회적 요인이 있다. 사회적 요인은 집단의 압력이나 암묵적 규범 등이 포함되며 그 대부분은 조직 문화와 겹치는 부분이 있다. 조직 자체의 기대, 규범, 요구, 압력, 방침('안전제일' 등)을 들 수 있다. 여객선 'Herald of free Enterprise호'의 전복사고는, 배의 출항 준비를 공표하는 것 같은 시간 엄수의 강조가 중요하다는 것을 말하는 좋은 예이다.

조직적 기능은, 물리적, 법률적인 작업 환경과 비즈니스적(상업적) 환경이 주된 영향 요인이다. 고객의 요구나 기대, 자원이나 부품의 유용성, 규제 환경, 상거래 상의 압력, (금융 위기 시의) 규제 감시, 또한 기후나 그 외의 조건(화산의 분화에 따른 낙진 등

[표 6.2] 외적(외인성) 변동

| | 수행 변동성의 외적요인 | 수행 변동성 가능성(불이행 평가) |
|---|---|---|
| 기술적 기능 | 유지 보수, 사용(오용) | 낮음 |
| 인적 기능 | 매우 많음, 사회적·조직적 | 빈도 높음, 진폭 큼 |
| 조직적 기능 | 많음, 수단 또는 '문화' | 빈도 낮음, 진폭 큼 |

예측 불가능한 자연재해)도 이 같은 요인에 포함된다.

상기와 같이 간단히 의논을 하는 것만으로도, 기능이 변동할 수 있는 이유는 많다는 것과, 어떠한 기능이라도 영향을 받지 않는 기능은 없다는 것을 보여준다. 그렇긴 하여도, 기술적 기능은 비교적 안정되어 있고, 인적 기능은 빈도가 크고 진폭이 커서 변동할 가능성이 있으며, 조직적 기능은 빈도는 작고 진폭이 커서 변동할 가능성이 있는 것 등은, FRAM 분석의 기정 추정(default assumption)에 해당된다. 이것은 어떤 특정 FRAM모델에서도, 인적 및 조직적 수행 변동성은 그것이 잠재적이든 실제적이든 큰 관심의 대상이 된다는 의미이다.

## 2 수행 변동성의 징후(표현형)

지금까지 내적 및 외적변동 요인들에 관한 논의를 해왔으며, 다음 논점은 수행 변동성은 어떻게 그 자체의 모습을 나타내는가이다. 즉, 어떻게 관찰되거나 검출되는지, 또는 하류 기능에 어떻게 영향을 주는지, 이러한 것들이 논의의 대상이다. 이러한 것을 위한 두 가지 방법이 있다. 하나는, 효율적이기는 하지만 완벽하지 않은 간단한(그러나 튼튼한) 방법, 또는 더 완벽하지만 효율적이지 않은 정교한 방법이다. 학술적인 관점에서 더 완벽한 방법이 바람직한 반면, 간단한 방법은 더 실용적이다. 더 정교하거나 더 완벽한 조건을 확인하기 위해 빠르게 검사하는 방법으로 이용될 수 있으며, 분석은 보증될 수 있다.

### 1) 수행 변동성의 특징화－간단한 방법

수행 변동성 결과를 표현하기 위한 간단한 방법은, 기능에서의 출력은 시기와 정확성 면에서 변동할 수 있다는 것에 주목하는 것이다. 엄밀히 말하자면, FRAM은 기능에서의 출력을 고려하는 것이 아닌, 입력, 전제조건, 자원, 제어, 시간 등과 같은 하류 기능에 의해 이용되는 부분에서의 출력을 고려한다. 전자는 절대적인 의미에서의 출력의 질, 즉 변동 그 자체를 파악하는 것과 거의 같다. FRAM의 사고방식으로서는, 하류 기능에 관한 출력, 즉 상대적인 의미에서의 출력을 파악하는 것이 더 이치에 맞는다.

시기에 관하여, 출력이 너무 빠르게, 정시에, 너무 느리게, 또는 전혀 발생하지 않을 수 있다. '전혀 발생하지 않는 경우'란, '너무 느리게'의 극단적인 경우로 볼 수 있다. 즉, 출력이 전혀 없던가, 또는 출력이 의도나 목적을 다하지 못하도록 너무 느린 것이다. 출력이 너무 느린 경우나 하류의 기능에 단순히 도달하는 것이 너무 느린 경우에도, 물론 어떤 역할은 한다. 후자의 경우 보급에 지연이 생겼을 가능성이 있고, 그렇다면 출력의 소통은 —더 일반적으로, 출력의 전송은— 그 자체의 자격으로 기능으로써 인식되어야 한다.

다시 한 번, 기술－인간－조직의 공통 분류에서 각 기능의 다양한 전형적 특징을 생각해 보면, 잠재적 변동은 [표 6.3]에서 나타내는 것과 같이 보인다.

정확성에 관하여, 출력이 정확하거나, 수용 가능하거나, 부정확한 경우가 있다(물론, 보다 상세하게 분류하여 이용될 수도 있다). 상류 기능과 하류 기능의 결합을 나타내므로 정확성은 절대적이라기보다 상대적이다. 출력이 정확하다면, 하류 기능의 수요를 만족시킨다. 따라서 정확한 출력은 하류 기능의 변동을 증가시키지 않고 실제로는 감

[표 6.3] 시간 관련 출력의 잠재적 변동

| | 반응변동의 시간적 범위 | | | |
|---|---|---|---|---|
| | 너무 빠름 | 정 시 | 너무 느림 | 전혀 없음 |
| 기술적 기능 | 없음 | 보통, 예상됨 | 없음, 소프트웨어 문제가 포함되면 가능 | 거의 없음(완전히 고장난 경우) |
| 인적 기능 | 가능(성급한 대답, 우연성) | 가능(전형적) | 가능, 너무 빠른 경우보다 많음 | 가능, 더 적은 정도 |
| 조직적 기능 | 없음 | 있음 | 가능 | 가능 |

[표 6.4] 정확성 관련 출력의 잠재적 변동

| | 출력변동의 정확성 범위 | | |
|---|---|---|---|
| | 정확 | 수용가능 | 부정확 |
| 기술적 기능 | 보통, 예상됨 | 없음 | 없음 |
| 인적 기능 | 가능, 그러나 없음 | 전형적 | 가능, 있음 |
| 조직적 기능 | 없음 | 가능 | 있음 |

소시킬 가능성이 있다. 수용 가능한 출력은 하류 기능에 의해 이용될 수 있지만, 하류 기능의 일부 조정이나 변동이 필요하고, 예를 들어 그러한 일부 정보는 ETTO (Efficiency Thoroughness Trade Off) 원리에 의해 서술되어 해석되거나 보완될 수 있고, 이것이 하류 기능의 변동을 증가시킬 수 있다. 부정확한 출력이란 무엇인가 불완전하고 불명료하고 애매모호하거나 잘못된 다른 방법을 의미한다. 부정확한 출력은 그대로 사용될 수 없으며, 다른 정보나 상황 ―일반적으로 다른 목적을 위해 이용되었어야 하고 이용될 수 있었던 자원과 시간을 소비하여 변동성을 증가시킬 수 있는 모든 것― 에 대하여 명확화, 해석, 증명, 확인 등을 할 필요가 있다. 수용 가능한 출력과 같은 형태의 결과이지만 그 영향의 크기는 훨씬 크다.

## 2) 수행 변동성의 특징화 – 정교한 방법

수행 변동성의 결과를 표현하기 위한 정교한 방법으로, 수많은 안전관련 모델 중 고장 모드(failure mode)가 이용된다. 이 고장 모드는(또는 표현형) 출력이나 기능의 출력에서 볼 수 있는 기능 변동을 어떻게 서술하는지에 대한 범주이다. 기능과 필요한 결과는 4차원적인 연속된 시공간 속에서 발생하기에, 고장 모드의 완전한 집합으로 [그림 6.1]과 같이 규정할 수 있다.

출력 변동에 대하여 8가지 표현형으로 맹목적으로 따르고 각각의 다른 하위그룹으로 규정하기보다, [표 6.5]와 같이 변동을 4개의 하위그룹으로 분류하는 것이 현실적이고 알기 쉽다.

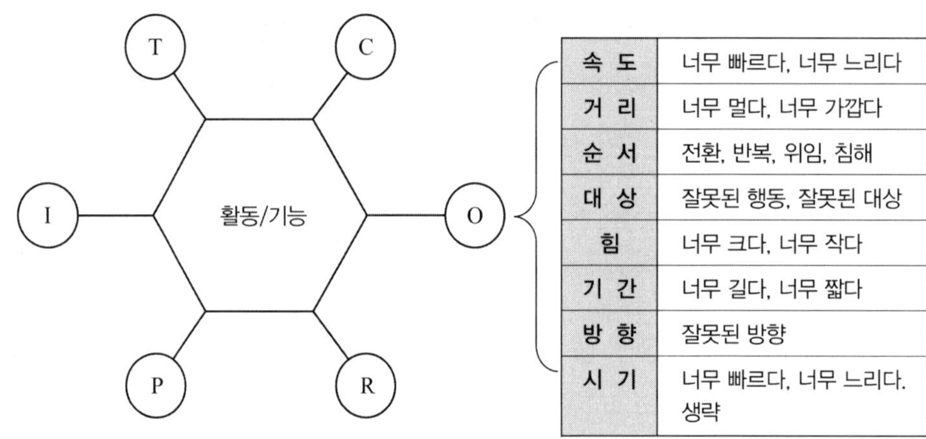


[그림 6.1] 고장 모드의 범위

[표 6.5] 출력 변동의 세부설명

| 변동 | 설명/예 |
|---|---|
| 시기/기간 | 너무 빠름 : 기능이 너무 빠르게 완료되거나, 요구된 것보다 빠르게 실행되거나, 했어야 하기 전 정지함(시기상조의 출력) |
| | 너무 느림 : 기능이 너무 느리게 완료되거나, 불충분한 속도로 실행되거나, 정지했어야 할 시점을 넘어 계속함(지연된 출력) |
| | 생략 : 기능이(허용되는 시간 내) 전혀 완료되지 않음 |
| 힘/거리/방향 | 원하는 효과를 달성하기 위해 너무 약하거나 불충분함 |
| | 원하는 효과를 달성하기 위해 너무 강하거나 과잉 |
| | 이동이 너무 짧거나, 충분히 가지 않았거나, 잘못된 방향에 있음 |
| | 이동이 너무 길거나, 너무 멀리 갔거나, 잘못된 형태로 있음 |
| 잘못된 대상 | 출력은 잘못된 대상이거나(예 : 공구), 잘못된 대상을 암시하는 것. 대상물은 인접한 대상(근접), 유사하거나 전혀 관련 없는 대상도 될 수 있음 |
| 순서 | 대상, 이동, (상태)변화의 순서를 포함하는 출력은 다음과 같이 변동할 수 있음<br>생략 : 순서의 일부가 빠져 있음.<br>도약 : 순서의 일부가(어떤 방향으로) 건너 뛰어져 있음<br>반복 : 순서의 일부가 불필요하게 반복되고 있음<br>전도 : 순서 내에 두 개의 인접한 부분이 바뀌어 있음<br>잘못된 부분 : 관련 없거나 부적절한 부분이 순서 내에 발생됨 |

- **시기와 기간에 관한 변동** : 이 하위 그룹에는 시기, 속도, 기간으로 인하여 생기는 출력변동을 포함한다. 시기에 대한 출력의 변동은 위에서 언급한 바와 같다. 기간의 의미는 행동이 너무 빠르거나(완료하기 전에 정지), 너무 느린 것을 (종료되어

야 하는데 계속됨) 의미한다. 기간은 잘못된 속도, 즉, 너무 빠르거나 너무 느릴 때 생기는 결과가 될 수 있다. 대부분 빠르게 진행되는 것에는 한계가 있다. 예를 들어, 브레이크를 밟아 차를 정지시키거나, 물질을 냉각시키는 것과 같은 것들이다.

- **힘, 거리, 방향에 관한 변동** : 힘과 거리에 대해서, 출력은 '너무 적다－너무 많다, 너무 멀다－너무 가깝다'에 의해 변동할 수 있다. 방향은 '잘못된 방향, 잘못된 움직임'의 가능성을 나타낸다. 힘은 기능에 의해 생겨난 동력이나 작용력을 의미하며, 예를 들어, 항공기 이륙시 추력 수준이 거기에 해당된다. 힘이 너무 크면 기기의 오작동이나 파괴로 이어지고, 너무 작으면 행동은 의도했던 효과를 얻을 수 없게 된다. 거리는 출력이 미치는 범위를 의미한다. 규모와도 비슷하며 선형 또는 각형이 될 수 있다. 결국 방향은 출력 방향에 따른 선이나 항로를 나타낸다.
- **대상에 관한 변동** : 이 경우 출력은 무엇인가 움직여지거나, 조종되거나, 기능에 의해 영향을 받는, 가령, 제공되거나 치환되는 것을 나타낸다. 예를 들어, 소독세정을 하는 간호사가 외과의사에게 건네준 공구나 외과용 기구가 될 수 있다. 주변에 있었기 때문이든 유사하기 때문이든, 또는 전혀 관계없는 것이었다는 이유로, 어떤 대상이 잘못된 대상이 될 수 있고 이것을 변동으로써 표현할 수 있다. 잘못된 버튼을 누른다거나, 잘못된 계기판을 읽는 등, 잘못된 대상의 이용은 특히 빈도가 높은 고장 모드 중 하나이다.
- **출력의 지시나 순서에 관한 변동** : '잘못된 위치'라는 것은, 출력이 둘 이상의 단계나 행동(또는 대상)으로 구성되었을 경우와 같이 출력의 순서를 나타낸다. 가령 설명서에 각 단계의 지시에서, '수량이 20% 이하로 저하되면, 펌프 23A를 정지한다'가 아니라, '펌프 23A 정지는 수량이 20% 저하되었을 때'와 같이, 테스트 전에 행동을 두는 것이 일반적인 실수의 한 예이다.

### 3) 기능의 잠재적 변동과 실제적 변동

FRAM 모델은 기능간 결합 가능성을 나타내며, 또한 이것은 기능의 잠재적 변동을 나타내기 위한 기반이 되기도 한다. 잠재적 변동에 대한 (내적·외적 변동의 구별 없이) 몇 가지 예는 하기와 같다.

- **기술 기반의 기능인 경우** : 잠재적 변동의 요인으로써 마모나 손상, 취급 어려움(자주 복잡함으로 언급됨), 부적절한 유지보수, 역동작 환경 등이 있다. 가령, 온도가 장비 일부의 설계 범위를 초과했을 경우, 수행은 변동할 수 있다.
- **인적 기반의 기능인 경우** : 잠재적 변동의 요인으로써 생리기능 주기, 사회적 압력, 의사결정 관습 등이 있다. 예를 들어, 기능에 의사결정이 포함되면 그것은 잠재적으로 변동하기 쉽다. 사실, 대부분의 또는 모든 인적 기능은 잠재적으로 변동할 수 있다. 고전적인 예로써 과부하 정보를 입력하기 위한 전형적인 응답이 있다. 너무 많은 정보가 있으면 어떠한 것이 일어날 수 있을지를 알리지만, 실제로 일어날지 말지를 알리지는 않는다. 그것은 당사자와 작업 상황에 관한 세부사항이 알려졌을 때에만 가능하다.
- **조직 기반의 기능의 경우** : 잠재적 변동은 한정된 메모리 결과, 우선순위의 불확실성(또는 상충되는 우선순위), 비효율적인 커뮤니케이션(관계) 등에 의해 생길 수 있다.

잠재적 변동은 상황이 적절한(또는 부적절한) 경우 일어날 수 있는 것을 나타내는 반면, 실제적 변동은 주어진 상황, 요구조건, 기회, 자원 하에 현실적으로 예상되는 것을 나타낸다. 따라서 기술적 작동 조건(기온 등)이 설계상 충분히 상정된 한계 이내라면, 잠재적 변동은 실제적 변동으로 되기는 어려워진다. 마찬가지로 인적 기능에 대해서도, 해당 활동이 교대근무의 설정 내에서 발생한다면, 생리기능 주기로 인하여 실제적 변동이 있을 것이라고 가정하는 것은 이치에 맞다. 마지막으로, 조직적 기능에 관하여, 가령, 최고 경영진과 영업부서간, 혹은 여러 부서간 상충되는 우선순위가 있다면, 잠재적 변동이 실제적 변동으로써 표출될 것이라는 가정도 이치에 맞다. 구체화란 사고 시나리오, 즉 이미 일어난 일이거나, 또는 위험이나 가능성으로 간주되는 잠재적 미래상황이 될 수 있다. 전자의 경우, 항상 포괄적이진 않지만 종종 매우 상세한 정보를 포함하는 일이 있다. 반면, 후자의 경우 그 상세함은 시나리오를 위해 만들어진 가정에 의존한다.

다음의 단계에서 잠재적 변동과 실제적 변동을 분명하게 구별하는 것이 중요하다. 이는 말하자면, 변동 또는 변동의 결과가 시스템을 통하여 어떻게 전체로 퍼질 수 있는지, 특히 하류의 기능에 어떻게 영향을 미치는지를 구별하는 것이다. 결합과 공명을 분석할 때에는 항상, 모델 그 자체가 아닌, 모델의 구체화에 주목해야 하며, 결과적으로 잠재적 변동보다 실제적 변동을 보아야 한다(물론, 실제적 변동이란 그것이 필연적으로 일어난다는 의미가 아니라, 일어날 가능성이 매우 높다는 것을 의미할 뿐이다). 이와 같이, 실제적 변동은 항상 잠재적 변동의 한 부분 집합이 된다. 이러한 이유로, 시작부터 특정 시나리오를 고려해서 불필요하게 제한된 사고를 하는 것을 피하기 위하여, 잠재적 변동을 서술하는 것에서부터 시작하는 것이 바람직하다.

CHAPTER 07

# [방법] 변동성의 확장 및 증대 (단계 3)

FRAM은 대상 시스템의 모델과 모델의 구체화를 명확하게 구별한다. FRAM모델은 분석 대상이 되는 활동과 기능 간에 일어날 수 있는 잠재적 결합을 함께 설명하는 일련의 기능을 나타낸다. 구체화는 주어진 시나리오나 일련의 조건들에 대해서 존재했거나 존재할 수도 있는 것을 말하며, 이와 같이 모델의 실제화를 나타낸다(이에 대해서는 이미 제6장에서 잠재적 변동과 실제적 변동의 평가에 관하여 언급되었다). FRAM 모델은 어떤 특정 상황을 나타내는 것이 아니라, 잠재적 수행 변동성을 나타낼 수만 있다. 이 범위는, 기존의 과학적 지식뿐만 아니라 한 분야의 현실적 경험에 입각하여 평가될 수 있다. 구체화는 주어진(실제 또는 가정된) 환경과 일련의 조건들에 대한 모델의 구체적인 사례를 나타내며, 구체화에 의해 제공된 세부 사항은 잠재적 변동이 실제적 변동으로 될 수 있는지, 그리고 어떻게 될 수 있는지에 대하여 보다 정확하게 나타낼 수 있다.

그러나 그것은 개별 기능의 실제적 변동을 알기에는 불충분하다. 변동이 어떻게 결합하여 예상 또는 규모 이외의 결과로 이어질지를 아는 것 역시 필요하다. 다시 말해, 어떻게 기능공명이 발생하는지를 알 필요가 있다. 이것은 상·하류 기능 결합을 이용하여 행해진다.

## 1 상·하류 기능 결합

제6장에서 언급했듯이, 기능의 변동성에는 기능 그 자체의 변동에 기인하거나 기능이 실행된 조건에 기인할 수 있다. 이들을 각각 내적 및 외적인 변동이라 부른다. 기능 변동은 결국, 상류 기능에 결합한 결과 그 자체이며, 상류 기능(입력, 전제 조건, 자원, 제어, 시간으로 사용된)의 출력은 변동될 수 있으며, 따라서 하류 기능의 변동에 영향을 미칠 수 있다. 상·하류 결합을 설명하기 위하여 상류 출력의 질적인 차이가 어떻게 하류 기능의 변동과 그들 출력의 변동에 영향을 미칠 수 있는지를 더욱 세부적으로 조사할 필요가 있다. 이것은 분명히 기능의 형태 즉, 기술적 기능인지, 인적 기능인지, 조직적 기능인지, 또는 각 기능의 특정성질에 따라 달려 있다. 전자의 경우 일반적인 접근은 이미 설명되었고(제6장), 후자에 대해서는 제시할 지름길이 드물다. 일반적 사회-기술적 시스템 기능의 포괄적인 분류체계가 확립될 때까지는, 분석 팀의 종합된 지식을 이용하여 스스로 각 기능이 설명되어야 한다.

## 2 전제조건에 관한 상·하류 기능 결합

전제조건이란 기본적으로, 기능이 실행되기 전에 존재하여야 하는 시스템 조건 및 상태를 말한다. 전제조건은 명백히 하나 이상의 다른 기능에 의해 제공되어야 한다. 즉, (전제조건의)상태는 상류 기능에서의 출력이다. 많은 경우, 전제조건이 확립되지 않는 한 기능은 실행될 수 없으며, 기능의 일부가 전제조건이 만족되어 있는지, 즉, 대응하는 시스템의 상태가 정상인지를 확인할 수도 있다. 한 가지 가능성은, 전제 조건이 확인되었더라도 '신호'의 시기가 부정확하거나 상태가 애매하기 때문에 완전한 확인이 되지 않을 수 있다는 것이다. 후자의 의미는 전제조건이 맞는지 아닌지를 정확하게 결정할 수 없다는 것이다. 또 다른 가능성은, 확인 실행 중에 변동이 있기 때문에 전제조건이 적절하게 확인되지 않을 수도 있다.

[표 7.1] 전제조건에 관한 상·하류 결합

| 상류 출력의 변동 | | 하류 기능으로 영향 가능성 |
|---|---|---|
| 시기 | 너무 이르다. | 잘못된 시작 : 전제조건을 놓침 [V↑] |
| | 정시 | 감소 가능성 [V↓] |
| | 너무 늦다. | 시간 손실 가능성 [V↑] |
| | 생략 | 추가 대응, 시간 손실 가능성 [V↑] |
| 정확성 | 부정확 | 시간 손실 가능성(명확화) : 오해 가능성 [V↑] |
| | 수용 가능 | 변화 없음 [V↔] |
| | 정확 | 감소 가능성 [V↓] |

전제조건의 상태가 결정될 수 없다면, 하류 기능의 변동이 증폭할 수 있다. 가령 전제조건이 확립될 때까지 기다릴 필요가 있을 수 있고(시간의 손실), 정보의 입증 또는 명확화를 위해(가능하다면) 상류 기능에 의문을 제기할 필요가 있을 수도 있다(또 다시 시간 및 자원의 손실). 또는 다른 활동과 동기화시켜야 할 필요 때문에 완전히 확인하는 것을 생략할 필요가 있을 수도 있다. 어느 쪽이든 하류 기능에서의 출력은, [표 7.1]과 같이, 특유의 방식으로 변동할 수 있다는 것을 쉽게 상상할 수 있다(이하의 표에서, 변동의 증가가 예상되는 경우 [V↑], 감소(약화)가 예상되는 경우 [V↓], 변화하지 않을 것으로 예상되는 경우 [V↔]로 표시하였다).

## 3 자원이나 실행 조건에 관한 상·하류 결합

자원이나 실행 조건이란 기능에 의해 필요로 하거나 소비되는 것, 또는 기능이 실행될 때 있어야 하는 것을 가리킨다. 자원이나 실행 조건이 없는 경우(상류 기능의 출력 누락), 그 기능은 차단되거나 방해 받는다. 예를 들어, 항공기의 급유가 늦어지면 이륙도 늦어진다. 급유되지 않는다면 항공기는 날 수 없다. 이와 같이, (실행조건으로써) 올바른 도구를 사용할 수 없다면, 기능을 실행하는 데 시간이 더 걸리고 효율이나 품질도 저하된다.

자원은, 한 가지 이상의 기능이 그 개시 전에 자원을 제공하거나 또는 필요할 때마

[표 7.2] 자원/실행 조건에 관한 상·하류 결합

| 상류 출력의 변동 | | 하류 기능으로 영향 가능성 |
|---|---|---|
| 시기 | 너무 이르다. | 영향 없음 [V↔] 또는 감소 가능성 [V↓] |
| | 정시 | 감소 가능성 [V↓] |
| | 너무 늦다. | 시간의 손실 가능성 [V↑] |
| | 생략 | 가능하면 다른 접근에 의한 대체 : 임시방편 [V↑] |
| 정확성 | 부정확 | 부적절, 또는 기능 감소 [V↑] |
| | 수용 가능 | 영향 없음 [V↔] |
| | 정확 | 감소 가능성 [V↓] |

다 자원이 보충되는 것을 보장하는 것이 분명히 필요하다. 실행 조건은, 분석 되는 기간 동안 안정된다고 가정하는 것이 합당하다. 따라서, 실행 조건은 배경 기능에 의한 출력으로써 제공될 수 있고, 그것은 시나리오를 위해 상세하게 표현되지는 않더라도 보다 면밀한 조사의 대상이 될 수 있다. 반면, 자원을 공급하는 기능은, 그 자원이 얼마나 중요한 것인가 또는 얼마나 변동이 예상되는가에 따라, 전경 기능이나 배경 기능이 된다.

어떤 경우는, 자원의 부족이나 실행조건의 부재로 인해 대체 수단을 탐색하는 일도 있다. 이와 같은 일이 있으면 적어도 추가시간이 소비되고, 그러므로 기능에서의 출력에 지연이 생긴다. 또 대체 수단이 무엇이 필요했는지 정확하지 않다면(가령, 양적으로나 기능적으로), 기능의 실행을 방해 받게 되고 나아가 바람직하지 못한 결과로 이어진다. 다시 말해, 기능에서 출력의 변동이 증가하는 것으로 이어진다. 반대로, 매우 효과적인 도구 등 그것이 어떤 종류의 것이든, 충분히 적절한 자원 또는 실행조건이 있다면, 기능이 조금 빨리 실행할 수 있게 되거나 출력이 정확히 목표로 하던 것(그리고 하류 기능에 의해 요구되었던 것)이 보증되기 때문에 변동이 감소될 수 있다.

## 4 제어에 관한 상·하류 결합

제어는, 기능이 어떻게 실행되는가를 관리하거나 조정하는 것이며, 따라서 출력의 특징에 —가령, 적시에 출력되는지, '올바르게' 출력되는지 라는 의미에서— 기여한다.

하류 기능에 대해서 제어입력이 되는 상류기능의 출력은 시간과 정확성의 양 측면에 관하여 변동할 수 있다.

제어는, 기능이 어떻게 변동하고, 기능간의 결합이 어떻게 생기는지를 이해하기 위한 또 다른 방법을 제공한다. 어떤 기능으로의 제어(입력)는, 필연적으로 하나 이상의 다른 기능으로부터의 출력일 것이다. 많은 상황에 대해 제어가 같다거나 지시나 절차와 같이 제어가 표준화된 것이라면, 그것은 배경기능으로 취급하는 것이 타당하다. 다시 말해, 그 상황에서는 제어는 변동하지 않는다. 그러나 제어가 보다 활동적이고 조정할 수 있다면, 그것을 전경기능으로 취급하는 것이 이치에 맞고, 그 경우는 당연히 제어 그 자체가 보다 상세하게 서술되어야 한다.

제어가 불명확하거나 불완전하거나 부정확할 경우, 결과로써 기능은 변동할 수 있고 즉, 원래 예상되었던 것과는 다른 형태로 기능이 실행될 수 있다. 그러나 정확한 제어(입력) 조차도, 가령 시간이 너무 짧거나 하면 부적절하게 처리 되어버릴 가능성이 있다. 이것의 전형적인 예로써 ETTO(efficiency–thoroughness trade–off) 원리와 특정 ETTO 법칙에 의해 설명된다. 가령 '나를 믿어라, 전에 수없이 많이 이런 것을 해 왔다.'라고 말하는 사람은, 수많은 이유(관습, 시간부족, 사회적 압력 등)로 인해 제어입력을 무시해 버린다.

제어의 시간적인 측면은, 제어가 필요할 때 이용할 수 있는지, 또는 각 기능의 세부단계나 부분들의 일정관리와 관계가 있다. 이는, 특히 의사소통에 있어서 지시 전달의 경우, 예를 들어 작업자가 작업 절차를 크게 읽고, 한편 다른 작업자가 그것을 실행하는 경우 자주 일어나는 문제이다. 이 같은 상황에서 지시가 너무 빨라서 받아들이지 못했거나 반대로 너무 느리게 지시가 나오는 일이 있다. 또, 필요할 때 제어할 수 없다거나 준비되어 있지 않을 (복구해야 할 문제나 제공된 기능의 변동 때문에) 상황도 있을 수 있다. 마찬가지로, 제어를 구성하는 정보, 즉 '지시'가 불명확하거나 애매한 경우도 있다.

제어 입력을 이용할 수 없다면, 당연히 기능은 실행되지 않는 경우가 많지만, 기능이 불명확하거나 부정확하게(예 : '이런 방법으로 해야 될 것 같다') 실행된다. 제어(지시)가 부정확한 경우에도 같은 일이 일어난다. 확인을 위해 재조사하는 것은(특정 영역에서는 요청되기 조차한다) 항상 가능하더라도, 실제적인 이유나 업무의 관계(예 :

[표 7.3] 제어에 관한 상·하류 결합

| 상류 출력의 변동 | | 하류 기능으로 영향 가능성 |
|---|---|---|
| 시기 | 너무 이르다. | 제어 입력이 손실 [V↑] |
| | 정시 | 영향 없음, 감소 가능성 [V↓] |
| | 너무 늦다. | 불이행 또는 임시방편 제어로 대체 [V↑] |
| | 생략 | 대체물 '제어'의 탐색 [V↑] |
| 정확성 | 부정확 | 지연, 정확성과 정밀성의 균형 [V↑] |
| | 수용 가능 | 영향 없음 [V↔] |
| | 정확 | 감소 가능성 [V↓] |

이동이 잦은 작업자는 필요 이상으로 중앙제어실에 '방해'가 되지 않도록 한다)에 따라서는, 그것이 항상 편리한 것은 아니다.

## 5 시간에 관한 상·하류 결합

시간은, 기능이 어떻게 실행되는가에 대한 영향을 미칠 수 있는 다양한 시간적 관계를 나타낸다. 예를 들어 시간은, 이용 가능한 시간(허용된 기간), 기능이 시작할 수 있는 (특정) 시간 또는 기능이 완료되어야 할 (특정) 시간, 다른 기능과 관련된 기능의 일정 관리(동기화) 등이 될 수 있다. 시간과 제어의 차이를 설명하는 한 가지 방법은, 시간은 기능이 '언제' 실행되는가와 관련되지만, 제어는 기능이 '어떻게' 실행되는가와 관련된다는 것이다.

시간도 어떻게 기능을 결합시킬 수 있는지를 이해하기 위한 중요한 방법을 제공하고, 상·하류 기능의 정의는 명백히 시간과 관련이 있다. 기능의 시기는 분명 수행 변동에 영향을 미치고, 그러므로 출력의 변동에도 영향을 미친다. 시간이 너무 부족한 경우, 기능이 너무 늦게 시작된 탓이든, 완료되어야 할 시간이 너무 빨랐던 탓이든, 예상 또는 평소보다 느리게 진행된 탓이든, 일반적으로는 타협점으로 이르게 되거나 실행된 방법이 희생되게 된다. 그 중 하나의 결과로써, 그것은 —늘 그렇듯이— 사실일 것이라는 가정하에 일부 전제조건을 건너뛰거나, 어떤 제어는 세부적으로 따르지 않는

[표 7.4] 시간에 관한 상·하류 결합

| 상류 출력의 변동 | | 하류 기능으로 영향 가능성 |
|---|---|---|
| 시기 | 너무 이름 | 시작 부분 건너 뜀, 올바르지 못한 시기 [V↑] |
| | 정시 | 영향 없음, 감소 가능성 [V↓] |
| | 너무 늦다. | 활동 지연 : 일정 충돌 : 수행 지름길 : 동기화 손실 [V↑] |
| | 생략 | 시작/정지 기능 불명확 또는 부정확 [V↑] |
| 정확성 | 부정확 | 변동의 증가 [V↑] |
| | 수용 가능 | 영향 없음 [V↔] |
| | 정확 | 감소 가능성 [V↓] |

일이 있을 수 있다(이것이 ETTO 원리의 주된 논쟁 중 하나이다). 부정확한 시간의 입력이 발생한 것이든 방지한 것이든 그러한 것이다.

대다수 개인의(그리고 집단의) 인적 기능은, 시간 특히 (동기화) 신호나 소요 기간에 의존한다. 조직적 기능은 일반적으로 소요 기간에 의해 주로 제약을 받는다. 이는 종종, 가령, 프로젝트의 완료, 승인 또는 조사와 같이, 다른 (조직적) 기능이 기간에 의존하기 때문이다. 또한 조지저 기능은 일반적으로 개인의 인적 기능에 비해 기간이 디 길다.

## 6 입력에 관한 상·하류 결합

입력은, 기능의 출발점이나 시작하는 것과 더불어, 그 기능에 의해 사용되거나 변형되는 것을 나타낸다. 위에서 말했듯이, 다른 모든 측면은 —특히 시간과 제어— 입력의 특별한 형태로써도 볼 수 있다.

입력은, 기능의 시작을 표시하는 신호로써의 역할을 갖고 있고, 그것은 기능의 변동이 어떻게 발생할 수 있는지를 이해하는데 도움이 된다. 예를 들어, 어떤 기능이 시작하기 위해 신호의 '찾기'를 할 경우, 기능이 잘못된 신호를 '본다'면, 검출 임계값이 너무 낮거나 너무 높다면, 입력이 잘못 해석된다면(신호가 존재하였어도 응답이 오지 않던가, 신호는 존재하지 않았는데 응답이 오는), 수행은 변동할 수 있다. 기능이 시작할 때 획일성의 부족은, 입력 자체의 변동에 의한 것(상류 기능으로부터 출력에 결합되어지는)이거나 입력을 받는 기능의 변동에 의한 것이 될 수 있다.

입력이 어떤 기능을 시작하기 위해 이용되는 경우, 시기의 변동이 매우 중요해진다. 그리고 기능이 너무 이르게 시작하거나 너무 늦으면 명확히 큰 차이를 만들어 낸다. 먼저 너무 이른 경우, 동기화의 문제가 생길 수 있고 그것은 구체화를 통한 확산영향으로 인해 지연을 초래한다. 너무 늦은 경우는 더 자주발생하며 동기화 문제는 일반적으로 하나 이상의 상충 관계나 손실을 유발하는 형태로 기능이 실행되는 방식에 영향을 미친다. 이것은 시간을 얻기 위해(또는 자원을 절약하기 위해) 무엇인가 대처해야만 하고, 이것에 의해 기능 변동은 더욱 증가하게 된다. 충분한 시간이 주어지면 더 빠른 실행이 지연을 흡수하기 때문에 —역설적으로— 하류 기능을 위한 결과가 감소될 수 있다. 그러나 그것에 의해 출력의 정확성은 떨어질 수 있다.

입력이 기능에 의해 받아들여지거나 활용된다면, 시기의 변동보다는 정확성의 변동이 더 중요해진다. 데이터나 정보가 부정확하고 애매모호하거나 번거로울 수가 있고, 물질이나 재료가 불규칙하고 순수하지 못하거나 오염되어 있을 수도 있다. 입력이 부정확하면, 그것을 처리하는데 시간이 더 걸리고 지연이 발생한다. 그 처리도 입력이 잘못 이해되거나 잘못 해석한 것이 될 수 있기 때문에 더 잘못된 결과를 초래할 수 있다.

**[표 7.5] 입력에 관한 상·하류 결합**

| 상류 출력의 변동 | | 하류 기능으로 영향 가능성 |
|---|---|---|
| 시기 | 너무 이르다. | 너무 이른 시작 : 입력 상실 가능성 [V↑]<br>영향 없음, 감소 가능성 [V↓]* |
| | 정시 | 영향 없음, 감소 가능성 [V↓] |
| | 너무 늦다. | 지연된 기능, 지름길로 이어짐 [V↑] |
| | 생략 | 기능이 실행되지 않음, 또는 심각한 지연 [V↑] |
| 정확성 | 부정확 | 시간의 손실, 정확성 결여, 잘못된 이해 [V↑] |
| | 수용 가능 | 영향 없음 [V↔] |
| | 정확 | 감소 가능성 [V↓] |

* 하류 기능이 단지 입력을 기다리는 경우, 입력을 빨리하면 추가 시간이 제공되므로 변동을 약화시킬 수 있다.

## 7 상·하류 결합의 과제

상·하류 결합에 관한 논의는, 항상 상류 기능에서의 출력이 하류 기능에 대해 입력, 전제조건, 자원, 제어, 시간 중 어느 것인지를 결정할 수 있다는 것을 암묵적으로 가정하고 있다. 그러나 이와 같은 배정은 경우에 따라서는 논란의 여지가 있다. 그 경우, 분석가들은 출력의 주된 용도와 역할을 생각해야만 하며, 예를 들어 시간측면인지 제어측면인지를 정해야 한다. 결국 어느 측면을 통할 것이냐보다 기능 결합 그 자체가 더 중요하기 때문에 그러한 불확실성은 그다지 큰 문제가 되지 않는다.

상·하류간 결합은, 기능 변동이 통상의 선형적 전파와는 근본적으로 다른 형태로 어떻게 퍼져나가는지 서술할 수 있다. 그 한 가지 이유로써 '경로'라는 것이 미리 정의된 것은 아니며, 구체화가 어떻게 전개되어 가는지에 의존한다는 것을 들 수 있다. FRAM모델은 잠재적 결합을 규정하지만, 그 구체화는 주어진 조건하에서 어떤 결합이 되는지를 보여준다. 이것이 얼마나 명확하게 행해지는지는, 모델이 얼마나 신중하게 구축되었는지, 기능을 얼마나 정확하게 특징지었는지, 구체화가 얼마나 실제적인지에 따른다. 그러나 이러한 조건은 어떤 분석 방법에라도 적용된다. 그러한 것을 고려하면, FRAM은 어떻게 기능들이 결합을 해서 그 결과로써 실패나 고장보다도 일상의 수행 변동성이 예측하지 못한 결과를 초래하는지를 설명하고, 또한 규모 이외나 비선형 결과를 어떻게 일으킬 수 있는지를 서술할 수 있다. 이것이 그 방법의 이름이 유래한 기능적 공명이다. 현재 그 결과들을 단계적인 방식으로 얻어야만 하며, 정량적이기보다 정성적인 접근이 되어야 한다. 그러나 방법의 단순성과 일관성의 의미는, 지원 소프트웨어는 복잡하지 않게 구축되어야 하고, 기능공명의 규모를 계산하는 방법을 찾아내는 것 역시 단순해야 한다는 의미이다.

## 제7장 논평

제2장에서도 간략히 언급된 ETTO 원리는, 개인적으로, 집단적으로, 조직적으로 모든 인간의 활동은, 효율성과 완전성 간의 균형 관계에 있다는 개념이다. 이 균형은 때로는 의도적이지만 대부분의 경우 습관적 및 자동적이므로 눈에 띄지 않는다. 효율성과 완전성의 균형은, 생활 속 어디에서든 볼 수 있는 수행 조정을 설명하는 한 방법이기도 하다. 이 원리는, Hollnagel, E.(2009), *The ETTO Principle : Efficiency－Thoroughness Trade－off. Why Things that Go Right Sometimes Go Wrong*, Farnham, UK : Ashgate에 자세히 기술되어 있다.

CHAPTER 08

# [방법] 분석 결과 (단계 4)

FRAM의 4번째이자 마지막 단계는, 지금까지의 단계에서 찾아낸 제어되지 않은 수행 변동성의 —또는 기능공명의 가능한 조건— 발생을 관리하는 방법을 제안하는 것이다. 만일 제어되지 않은 수행 변동성이 부정적이고 바람직하지 않은 결과를 이끌어낼 가능성이 있다면, 당연히 이것이 일어나지 않게 하는 것을 목적으로 한다. 그러나 FRAM은 긍정적이든 부정적이든 관계없이 수행 변동성에 관한 것이므로, 제어되지 않은 수행 변동성이 긍정적이고 바람직한 결과를 이끌어낼 가능성 또한 있다. 그 경우, 제어에 실패하지 않고 그 결과를 용이하게 하고 강화하는 것이 목적이 된다. 그렇긴 하여도, 이 장의 나머지에서는 그동안 안전 연구의 전통적 초점인 부정적 결과가 되는 가능성에 초점을 맞춘다(물론 Resilience Engineering은 긍정적인 결과 역시 동일하게 볼 것을 주장한다. ETTO 원리 참조).

4단계의 내용을 논의하기 위한 출발점으로써, 조사가 일반적으로 무엇을 찾는지, 또 행동이나 반응을 판별하는 것은 무엇인지라는 면에서, 사고의 본질에 대한 기본적인 생각과 사람들이 만드는 기본적인 가정이 조사에서 진행된 것([표 8.1] 참조)에 어떻게 영향을 미치는지 간략히 보기 위해 유용하다.

어떻게 사고가 일어나는지에 대한 생각이 —사고 모델— 한 가지 이상의 연속적인 원인과 결과에 의해서, 즉 단순한 순차적 모델에 의해 설명하는 것이라면, 조사의 목적은 어떻게든 실패한 구성요소나 기능과 같은 특정 원인을 발견하는 것이며, 결과를 설명할 수 있는 인과관계를 판별하는 것이다(예를 들어, 이것은 근본 원인 분석의 기

[표 8.1] 세 종류의 사고관

| | 기본원리 | 조사 목적 | 제안 초점 |
|---|---|---|---|
| 단순 선형 모델 (예 : 도미노 모델) | 인과 관계(단일 또는 복수의 원인) | 특정 원인과 인과 관계의 발견 | 원인과 인과 관계 제거 |
| 복잡 선형 모델 (예 : 스위스 치즈 모델) | 잠재적인 조건, 숨겨진 종속관계 | 불안전한 행동의 조합과 잠재적인 조건의 발견 | 장애물과 방어 강화 |
| 비선형(시스템적) 모델 | 동적결합, 기능공명 | 밀착결합과 복잡한 상호 관계의 발견 | 수행 변동성의 감시와 관리 |

본 원칙이며, 사건수목과 고장수목을 특징짓는 것이기도 하다). 당연한 것이지만, 제안의 핵심은 잠재적 원인(위험)을 제거하거나 인과 관계를 무효하게 함으로써 사고가 일어나는 것을 방지하는 것이다. 더불어, 모든 예방조치에도 불구하고 생기는 결과에 대한 보호를 하기 위해 대처방안이 제안될 수도 있다.

어떻게 사고가 일어나는가를 생각하는 것이, 진행 중인 일과 그에 앞선 상황의 결합이라는 면에서, 즉 복잡한 연속적 또는 역학적(epidemiological) 사고 모델에 의해 그것들을 설명하는 것이라면, 조사의 목적은 불안전한 행동과 잠재적 조건과의 중요한 결합을 발견하는 것이며, 역학적 사고모델은 종종 약화된 방어나 기능 불완전한 장애물로써 표현된다. 제안의 초점은 장애물과 방어를 어떻게 강화시킬 수 있는지, 또한 잠재적 조건들이 사고로 발전되기 전에 어떻게 감지되고 그것들을 무효화시킬 수 있는지를 제안한다.

마지막으로, 어떻게 사고가 일어나는지에 대한 생각이, 선형적 인과관계 추론을 넘어 동적인 결합이라는 면에서, 즉 동적 시스템 프로세스의 돌발적이고 비선형적인 결과로써 가장 잘 이해된다고 가정한다면, 조사의 목적은 결과를 설명할 수 있는 밀착결합과 복잡한 상호작용을 발견하는 것이다. 제안의 초점 역시, 수행 변동성이 어떻게 감시되고 관리되는지, 특히 시스템 기능을 동시에 불완전하게 하는 일 없이 변동을 약화시킬 수 있는지를 보는 것으로 변한다.

[표 8.1]에 나타낸 세 종류의 기본적인 사고 모델은, 물론 상호간 배타적이진 않지만, 그것들이 효과적 상황이라는 면에서 크게 다르다. 단순한 선형 모델은, 몇 가지 요인에 의해 정당하게 설명될 수 있는 사건과 매우 규칙적이고 동질적인 활동을 하는

대형 사고나 사건에 적용될 수 있다. 그러나 단순한 선형 모델은, 결과가 많은 요인들의 상호작용에 기인한 사건이나, 결과의 일부가 능동적이고 잠재적 요인이 될 수 있는 사건들은 적합하지 않다. 그러한 경우는 복잡한 선형 모델이 더 어울리며, 특히 조직적이고 문화적인 문제를 다루는 것이면 더욱 그렇다. 그러나 결과가 결과적이라기보다 발현적인 사건이 늘어남에 따라 복잡한 선형 모델로도 설명하기 어렵다. 그와 같은 경우, 구조보다 기능에 초점을 맞출 필요성과, 동적인 복잡한 사회-기술적 시스템을 나타내고 이해하는 방법을 개발할 필요성이 생긴다. FRAM은 그러한 비선형 접근(non-linear approach)을 나타낸다.

사고가 단순 또는 복잡한 인과관계라기보다 기능간의 비선형 동적 종속관계라는 면에서 설명되는 경우, 설명의 결과는 달라진다. 전문가나 안전관리자가 직면하는 딜레마는 수행 변동성을 '제거'하는 것으로는 상황이 개선될 수 없다는 것이다. 수행 변동성은 안전, 생산성, 품질 모두를 보증하기 위해서 필수적인 것이기 때문이다. 해결 방법은, 일반적으로 공명의 영향을 약화시키기 위해 변동성을 감소시키고, 대신 수행 변동성을 '관리' 하는 것이다.

## 1 제거, 예방, 방어, 촉진

FRAM의 기본적 목적은, 수행 변동성이 일상 업무에서 어떻게 생기는지, 그 영향이 시스템을 통해 어떻게 확산되는지를 서술하는, 시스템의 기능 모델을 구축하는 것이다. 이것은 고장 모드나 기능 불완전 등과 같은 전통적인 분석 이외에, 시스템 기능에 있어 잠재적인 문제영역을 판별하기 위해 필요한 근거를 제공한다. 그와 같은 문제 영역이 발견된다면, 알려진 수많은 개선 조치가 적용될 수 있다.

- 고전적인 안전 해결책은, 시스템의 문제가 되는 부분 또는 요소를 없앰으로써 발견된 위험요인을 '제거' 하는 것이다. 이는 물리적 부분이나 어떤 업무 또는 활동이 될 수 있다. 제거는 효과적이지만, 전면적인 시스템 또는 활동의 전면적인 재

설계를 필요로 할지도 모르기 때문에, 비교적 거의 발생하지 않는다. 만일 제거만 이 부분적으로 행해진다면, 대체 신화(substitution myth)의 예측 불가능한 변화에 빠진다.

- 흔히 이용되는 다른 해결책은 '예방'이며, 일반적으로 일종의 장애물이나 방어를 도입하는 것에 의해 행해진다. 장애물은 여러 종류가 될 수 있고, 일반적인 분류로는 물질적, 기능적, 상징적 및 무형의 장애물로 구분한다. 장애물 시스템의 선택은 항상 속도(효율)와 효과(완전성)의 균형을 동반한다. 복잡하고 자원을 요하는 장애물과, 일반적인 물질적 및 기능적 장애물은 비용이 많이 들고 설치에 시간이 걸리지만 매우 효과적이기도 하다. 단순한 장애물은 종종 상징적인 타입이며 빠르고 저렴하게 설치할 수 있을지도 모르지만 효과는 금방 사라지고 따라서 장애물 시스템은 효과가 없어진다.
- 예방이 유해한 것에 초점을 맞추고 있는 반면, '촉진'은 유용한 것에 초점을 둔다. 이는 올바르게 사용되기 쉽게 하고 잘못 사용되기 어렵게 되도록, 시스템을 변경 또는 재설계하는 것을 포함한다. 촉진은 예를 들어 작업의 재설계나 인간-시스템 간 접속 개선, 또는 이용자에게 다양한 형태의 운용 지원책을 제공함으로써, 작업을 보다 단순하게 만들 수 있다. 촉진은 일을 올바르게 실행하는 능력으로써 안전에 대한 해석이 Resilience Engineering의 사고 방식과 일치한다.
- '방어'는 사고로 이어지는 사건보다 사고로부터의 결과에 초점을 맞춘다. 그것은 결과 또는 약화나 회복의 수단 제공을 포함하는 다양한 형태의 장애물 이용을 포함한다. 방어는 자연 반응적이지만, 역설적으로 시행될 때에는 상당한 상상력을 필요로 한다.

이러한 해결책의 선택이나 실행을 지원하기 위해 가이드라인이나 사례를 포함한 매우 폭넓은 문헌이 있다. 그 대부분은 수십 년 동안 이용되어왔고, 다른 산업 분야는 종종 위험은 어떻게 다루어지는지에 대한 강한 전통을 갖고 있고, 그리고 그것은, 얼마나 기술이 성숙한지, 얼마나 자주 심각한 사고가 생기고 있는지를 반영한다. 물론 FRAM을 이용하여 판별되는 약점에 대해서 이러한 해결책의 일부 또는 전부를 적용할 수 있다. FRAM은 또한 두 가지 추가 해결책, 즉 감시와 약화를 제안한다.

## 2 감시(수행 지표)

안전이나 품질 관리와 같은 사회-기술적 시스템에서의 제어는, 적절한 '목표를 설정' 하고, 진행 중인 '프로세스와 전개'를 감시하고, 장단기 목표가 이루어지도록 프로세스들이 제대로 진행되는지 '활동 조절'이 요구된다.

감시를 위한 지표의 선택은 종종 몇 가지 기준과 이해간의 타협 —효율성과 완전성간의 균형— 을 수반한다. 문헌에는 지표를 위한 기준에 대하여 광범위한 리스트가 제안되어 있지만, 그 선택의 배후에 제안 이유에 대해서는 거의 논의가 없다. 지표는 사용하기 쉬운 것보다 의미가 있는 편이 더 중요한 것이 분명한데도 불구하고, 지표의 선택에서는 대개 후자보다 전자를 더 선호한다. 중요한 것은, 시스템에서 무엇이 일어나는가를 잘 이해하는 것이 요구된다. 기술적 시스템에서 이것은 설계와 구조의 지식(부품, 품질, 상호관계, 기본적 작용 등)에 근거한 것이다. 사회-기술적 시스템에서는 똑같은 기준이 없고, 시스템에서 무엇이 일어나는가에 대한 이해는 종종 불완전하거나 부정확하다(제1장 참조). 한 가지 이유는, 전통적으로 시스템 모델은 구성 요소 또는 부품간의 어떤 흐름(데이터, 물질, 에너지 등)을 표현하고, 그렇기 때문에 시스템 기능보다는 시스템 구조를 나타낸다.

FRAM모델은 시스템 기능과 그것들이 어떻게 서로 결합되는가를 서술한다. FRAM모델은, 예를 들어 수행 변동성의 증가로 이어질 수 있는 결합을 판별하는 것에 의해, 특히 제어되지 않는 잠재적 전개 조건을 판별하기 위해 이용될 수 있다. 따라서 FRAM모델은 지표를 제안하는 기준으로 이용하는 것이 가능하고, 그렇기 때문에 감시의 기준으로 이용하는 것이 가능하다. 실제로, 시스템 또는 일련의 프로세스를 관리하는 능력의 전제조건은 시스템의 현재 상태를 아는 것이므로, 일부 기능적 모델은 없어서는 안 된다. 본서의 범위를 넘는 것이지만, 그렇게 하는 것의 가치는 일반적 프로세스 관리의 FRAM모델을 개발하는 것에 의해 입증될 수 있다.

## 3 약 화

시스템이나 일련의 프로세스의 효과적인 관리에 있어서, 현재 상태를 아는 것뿐만 아니라, 프로세스 내 효과적인 개입 수단을 얻는 것도 필요해진다. 그 수단은, 시스템 담당자가 프로세스가 올바른 방향과 속도로 진행되고 있음을 확신할 수 있게 해줘야 한다.

[표 8.1]에 정리한 바와 같이, 비선형 또는 시스템적 사고방식에 근거한 권고는, FRAM의 근본적인 4가지 원칙(제3장)에 따라, 수행 변동성을 감시하고 관리하는 방법에 초점을 맞춘다. 프로세스 제어의 언어에서, 변동은 반드시 관리되어야 한다는 의미이며, 특히 감당할 수 없거나 부정적 결과로 이어질 것 같은 때에는 약화시켜야 한다는 의미이다.

지금까지의 장에서는, 수행 변동성이 내적 특성(내인성)이나 외적 조건(외인성), 상류와 하류 간 결합에 기인할 수 있다는 것을 서술하였다. 수행 변동성의 관리 목적을 위해 내적 특성에 기인하는 변동을 위한 선택권은 한정되어 있다. 그것은 인간에 있어서는 선택의 문제일 수 있으나, 만일 그와 같은 것이 정말로 존재한다면, 조직에서는 본질적으로 더 우수한 조직적 설계의 문제일 수 있다.

외적 조건, 특히 일이 실행되는 조건에 기인하는 변동은, 해결은 가능하지만 대부분은 구체적인 상황에서는 그리 실용적이지 않다. 단순히 그 이유는, 작업 조건을 바꾸고 변동에 원하는 효과를 가져오기 위해서는 시간과 자원이 소요될 수 있기 때문이다. 더욱이 그러한 변화는 일시적이라기보다는 영속적인 본질을 가진 것이므로, 바람직한 결과가 있다는 것이 확실하지 않는 한 (물론, 상대적이고 무시할 수 있을 정도) 도입되어야 하는 것은 아니다.

따라서 상·하류의 결합에 기인하는 변동을 남긴다. 또한, 현재와 항상 변화하고 있는 조건의 영향을 받아서, 가장 불안전하게 되기 쉬운 변동이다. 제7장에서 다른 형태의 상·하류 결합에 대한 논의에서는, 수행 변동성이 증대될 수 있는 조건과 약화될 수 있는 모든 조건을 설명했다. 이 논의의 결론을 [표 8.2]에 정리한다. 놀라운 일은 아니지만, 상류 기능으로부터 출력의 변동을 감소시킴으로써 변동을 약화시킬 수 있다.

[표 8.2] 하류 변동에 있어서 상류 변동의 결과

| 상류결과 변동 | | (I) | (P) | (R) | (C) | (T) |
|---|---|---|---|---|---|---|
| 시기 | 너무 이르다. | [V]<br>[V－]* | [V] | [V«],<br>[V－] | [V] | [V] |
| | 정시 | [V－] | [V－] | [V－] | [V－] | [V－] |
| | 너무 느리다. | [V] | [V] | [V] | [V] | [V] |
| | 생략 | [V] | [V] | [V] | [V] | [V] |
| 정확성 | 부정확 | [V] | [V] | [V] | [V] | [V] |
| | 수용 가능 | [V«] | [V«] | [V«] | [V«] | [V«] |
| | 정확 | [V-] | [V-] | [V-] | [V-] | [V-] |

* 하류 기능이 입력을 기다리고 있는 경우, 이른 입력은 추가적인 시간을 제공할 수 있고 따라서 변동을 약화시킬 수 있다.

결국 변동은 내적 또는 외적인 요인보다 다른 기능 결합에 의존하므로, 지름길이나 용이한 해결방법은 없다는 것을 의미한다. 특히 다루어야 할 근본 원인은 존재하지 않는다. 이는 안전 관리자의 생활을 보다 곤란하게 되도록 보일지도 모르지만, 밝은 희망은, 그 약화가 일이 잘못되는 것을 막는 목적에 도움이 될 뿐만 아니라, 일이 잘 되는 것에도 기여한다. 즉 Resilience Engineering의 사고방식과 같은, 안전성과 생산성의 목적은 대립적이라기보다 상승적(synergistic)이다.

## 4 정량화는 어떠한가

정량화는 위험 평가에서 항상 중요한 역할을 해왔다. 이는 분명히 이름만으로도 일반적으로 이용된 접근방법, 즉 확률론적 위험도 평가(PRA : Probabilistic Risk Assessment)와 확률론적 안전성 평가(PSA : Probabilistic Safety Assessment)이다. 확률은 무엇인가 일어날 가능성의 수적인 지표로, 무엇인가 확실히 일어날 양상에 대한 수치 1.0에서 절대 있을 수 없는 양상에 대한 수치 0.0 사이의 값이 된다. 안전성이라는 맥락에서 확률값은 대체로 낮고, 가령 $10^{-5}$ 또는 $10^{-6}$은 무엇인가 잘못될 가능성이 1/100,000 또는 1/1,000,000이라는 것을 의미한다. 이 사고방식의 매우 극적인 예는, 1970년대 후반 화성에 처음으로 우주선을 보낸 프로젝트에서 볼 수 있다. 지구의 우주선이 화성에 악영향을 줄 가능성이 있었기 때문에, 이러한 일이 생길 가능성이 십억분의 일($p < 10^{-9}$) 이하이어야 한다고 상정되었다.

기술적 안전분석, PSA의 결과를 확률을 이용하여 나타내는 것은 합리적일지도 모르지만, 인간의 수행을 포함하여 분석하는 것이 된다면 부적절하다. 그럼에도 불구하고, 명예롭든 불명예스럽든 인적 과오율(HEP : Human Error Probability)로 알려진, 인간에 의한 실패 확률을 계산하려고 하는 것은 사실상의 관례가 되어 있다. 그렇게 할 필요성은 인간의 수행을, 그리고 뒤에는 조직적 수행을 다루기 위해, 기술적인 분석방법을 전용한 결과였다. 이러한 결과를 제공하기 위해, 즉 정량화를 제공하기 위해 개발된 일련의 방법은, 인간신뢰성 평가(HRA : Human Reliability Assessment)방법으로써 일반에 알려져 있다.

이와 같은 필요성과 정착되어온 관례 때문에, FRAM 분석 결과가 적어도 부분적으로라도 확률로써 표현될 수 있는지에 대한 문제가 필연적으로 생길 수 있다. 다시 말해, 정량화는 FRAM의 불가결한 요소가 될 수 있는가이다. 그것에 대답하기 전에, 이 물음이 의미가 있는 것인지, 다른 말로 표현하자면 정량화가 필요한가에 대해 고려하는 것이 합리적이다.

FRAM의 경우, 확률보다 변동에 초점이 있다. 따라서 질문은, 변동을 정량적으로 나타내는 것에 의미가 있는지이다. 확률을 불확실한 구간(하한과 상한)으로 겨우 제공하는 정도의 PRA 또는 HRA에서는, 변동을 정량적으로 나타낸다는 확립된 전통이라는 것이 없다. 그러나 불확실 구간은 변동이라기보다는 범위의 표현이다. 현재의 FRAM의 개발 단계에서는, 변동은 언어적으로, 즉 양보다도 질로써 특징지어진다. 완전한 기술 용어보다 전적으로 명확한 경계를 갖지 않을 수 있으며, 이것이 정량화의 방향으로 가는 한 걸음일 수도 있다. 그러나, FRAM의 목적은 고장 확률을 계산하는 것보다 시스템의 동적인 특성을 나타낸다는 것을 명심하는 것이 중요하다. 실제로, 고장의 개념이 FRAM에는 전혀 일부분이 아니다. 또 변동의 정성적인 서술보다 정량적인 서술을 다루는 일이 유용할지는 검토되어야 한다. 따라서 결론적으로는, 정량화에 대한 질문은 그다지 의미가 없을 수 있다.

## 제8장 논평

조사가 어떻게 실시되었는지에 대한 사고 모델의 중요성은, Lundberg, J., Rollenhagen, C. and Hollnagell, E.(2009), What－You－Look－For－Is－What－You－Find －The consequences of underlying accident models in eight accident investigation manuals, *Safety Science*, 47, 1297～1311에서 볼 수 있다.

대체 신화(substitution myth)는, 인공물은 그것이 시스템에 도입되었을 때에는 의도된 효과만을 갖고 의도되지 않은 효과는 갖지 않는다라는 의미로, 가치 중립적이라는 신념이다. 사실 시스템으로의 어떤 변경, 특히 위험의 부분적 제거는, 종종 예기치 못한 결과가 된다. 대체 신화는 인간과 컴퓨터의 상호작용 분야에서 처음 언급되었으며, Carroll, J. M. and Campbell, R. L.(1988), *Artifacts as Psychological Theories : The Case of Human－Computer Interaction*, User Interface Institute, IBM T. J. Watson Research Centre, Yorktown Heights, New York에 서술되었다.

다양한 장애물 시스템의 설명을 포함한 종합적 논의는 Hollnagel, E.(2004), *Barriers and Accident Prevention*, Aldershot, UK : Ashgate에서 볼 수 있다(FRAM에 대해 처음으로 다룬 책이기도 하다).

퍼지 설명(Fuzzy descriptions)은 구성원이 다양한 수위의 조합을 소유할 수 있는 환경에 대해 서술하는 것에 이용된다. 가령 '높은 가능성'과 같은 용어는 일관된 형태로 이용하는 것이 가능하므로, 애매하거나 불명확하게 보이는 설명으로부터(퍼지이론을 이용하여) 결론을 이끌어 낼 수 있다는 것을 기본적으로 의미한다. 퍼지 집합 이론은 Zadeh, L. A.(1965), Fuzzy sets, *Information and Control*, 8(3), 388～353에 의해 제안되었다.

CHAPTER

# 09 세 종류 사례

이 장에서는 사건을 이해하는 기초로써, 시스템이 어떻게 기능하는지를 모델화하기 위해 FRAM이 실제로 어떻게 작용할 수 있는지를 간단하게 세 종류 사례를 통해 나타낸다. 세 사례 중 두 사례는 실제로 생긴 것으로, 하나는 외과 수술 사건이고 다른 하나는 심각한 해상 재난 사고이다. 세 번째 사례는 위험 평가로, 악화될 우려가 있는 상황이나 조건의 가능성을 찾기 위한 시스템 분석에 관한 것이다. 이 세 종류의 사례가 완전한 모델은 제시할 순 없으며, 본 장에서 다루기에는 사례의 분석 결과가 너무 길어지기 때문이다. 이 사례들은 공개문헌에 나타나 있는 것으로, 이중 외과 수술 사례는 FRAM분석까지도 이루어져 있다. 상세 내용은 본 장 논평부분에서 찾아볼 수 있다.

## 1 Duk I buk(복부의 스폰지)

이 사례는 유감스럽게도 수술 재료가 의도치 않게 복부에 남겨져 버린 수술 사건에 대한 것이다. 몸 안에 남아있다는 것은 상처 봉합 후에 발견되었다. 환자는 수술실에서 나오지 못하고 재삽관 되었으며 잔존한 재료를 회수하기 위해 즉시 새로운 수술을 받았고 다행히도 성공리에 끝났다.

### 1) 발생한 사건

수술 진행은 2명의 외과의 팀에 의해 진행되었다. 두 사람은 수술 전에, 한 명은 집도의 다른 한 명은 보조 외과의라는 각자의 역할 분담에 합의하였다. 집도의는 해당 수술에 숙달된 전문가였고 다른 한 명의 외과의도 마찬가지로 전문가였다. 그들 두 사람 모두, 같은 시간대에 다른 수술실에서 두 가지 긴급 수술을 할 수 있는지를 요청받았고, 두 사람 모두 동의하였다. 이러한 것은 그 병원에서는 가끔 발생하는 일이였으며 그러한 경우 외과의는 보통 예정된 수술 중에 추가된 수술을 실시하였다.

이 사례에서, 집도의는 다른 수술실의 수술을 위하여 상처 봉합 후 수술이 끝날 무렵 그 수술실을 떠났고, 보조 외과의도 다른 수술실의 긴급 수술 때문에 수술실을 두 번 떠났다. —첫 번째는 세포조직이 샘플 추출된 후, 또 한 번은 지혈 후였다. 동시에 병행되는 수술 때문에 수술실 내 전화가 수술 도중 빈번하게 울렸으며, 다른 수술실 스텝들은 외과의가 도착하기를 기다리고 있었기 때문이었다. 이는 현장에서는 놀랄만한 일은 아니었지만 상당한 스트레스를 받는 상황으로 보였다.

해당 집도의는 보조 외과의와 함께 복부의 외과 수술에 착수했다. 세포조직 샘플이 추출되었을 때, 보조외과의는 다른 긴급 수술을 시작하기 위해 처음 수술실에서 나갔고, 그 시간에 집도의는 지혈을 시행하고 있었다.

보조 외과의가 수술실에 돌아왔을 때 집도의는 문제를 일으킨 상처 지혈을 도와달라고 그에게 의뢰했고, 대량의 스폰지가 사용되었다. 수술실 간호사는 복부 스폰지(지혈을 위한 커다란 천)와 일회용 복부 수축 패드가 환자의 복부에 남아있을 당시, 모든 기구와 재료의 수를 세었으나 그 결과를 외과의에게 보고하지는 않았다. 환자는 임상실험에 참여하고 있었으므로 수술실 간호사는 그 상처에 사용하기로 한 특수 진통제를 채운 주사기를 준비했다. 보조 외과의는 수축기를 빼내고 그의 지원 없이 집도의에게 복부를 봉합하여 줄 것을 부탁했다. 그리고 보조 외과의는 다른 수술실에서 별도의 수술을 진행하기 위해 두 번째로 수술실을 떠났다.

그 때 집도의는 다음 수술 대기 중인 환자가 수술 전 상담을 받으러 왔다는 연락을 받았다. 그녀(집도의)는 자신을 기다리고 있는 스텝에게 개복부의 봉합을 마치는 대로 가겠으니 기다려 달라고 대답했다. 그녀는 수술실에서 환자의 봉합을 개시하고 수술실 간호사에게 보조해줄 것을 의뢰했다. 수술실 간호사도 관리 간호사도 모두 재료를 추가 확인하지 않았고, 환자 복부에 재료가 남아 있을지도 모른다는 것을 보고하지도 않았다.

관리간호사는 보조간호사에게 할당된 업무를 주로 실행하고 있었으며, 동시에 임상실험 서류를 확인하였고 잘못된 진통제가 주사기에 채워져 있다는 것을 깨달았다. 세 명의 간호사(수술간호사, 관리간호사, 보조간호사)는 어떤 진통제가 사용되는지 결정하기 위해 상의하였으며, 준비되어 있던 주사기를 폐기하고 수술간호사는 새 주사기에 올바른 진통제를 채워 넣었다. 이러는 동안, 집도의 측 다음 외과수술 스텝에게서 언제쯤 합류할 수 있는지 재촉하는 전화가 걸려왔다. 집도의는 주사기에 준비된 진통제를 투여하고, 상처를 봉합한 후 수술실을 떠났다.

수술간호사와 관리간호사는, 기구와 재료의 최종 수량을 확인했고, 그 결과 복부 스폰지와 복부 수축패드가 없어진 것을 깨달았다. 수술실 내 전원에게 이 사실을 알리고 전화와 호출기를 통해 다른 수술을 하고 있던 두 외과의에게 연락을 시도하였다. 마취담당 간호사는 환자를 각성시키려 하던 중이었고, 환자는 이미 삽관이 제거되어 있었지만 바로 다시 삽관하여 마취를 하였다. 그 상황에서, 마취 간호사는 환자의 삽관과 재마취를 위하여 마취의의 지원을 받고 싶었으나, 수술실 내 유일한 전화는 계속 통화중이었기에 불행하게도 지원은 불가능했다. 관리간호사는 결국 집도의에게 연락을 취했고 바로 돌아와서 재료를 찾아 빼내겠다고 확인하였다.

급박하게 새로운 수술 준비가 이루어졌다. 복부를 다시 절개하고 환자 몸 안에 남아 있었던 재료는 회수되었다. 환자는 충분히 각성하지 못하여 무슨 일이 있었는지 기억하지 못했지만 일어났던 일에 대한 설명을 나중에 들었다. 다행히도 그 환자는 다른 후유증으로 고통은 없었다.

### 2) 기능과 FRAM 모델

다음에 나타낸 FRAM 원리에 따라, 제1단계는 일상의 업무에 대하여 요구되는 기능을 판별하는 것이다. 상대적으로 간단하고 비 기술적인 설명을 하면 하기와 같다.

- 외과 수술을 위해 환자를 준비시킨다(환자에게 마취를 한다).
- 외과 수술을 시작한다.
- 외과 수술을 진행한다(조직 샘플 추출).
- 외과 수술을 완료한다(특수 진통제를 투여한다. 상처를 봉합한다).
- 환자를 각성시킨다.

여기에서 FRAM 분석을 완전하게 한다는 것은 현실적이지 못하므로, 외과 수술이 성공하기 위한 필요 기능에 초점을 맞추어 설명하겠다. 이번 사례에서의 바람직하지 못한 결과는 그러한 필수적 기능에서의 큰 변동성에 기인하기 때문이다.

사건의 설명이 명확했던 것처럼 몇 명의 인물이 이 사건에 관련되어 있고, 한 사람이 했던 것(또는 하지 않은 것)이 다른 사람이 한 것에 영향을 주었다. 따라서 어느 특정 인물이 실행한 것에 초점을 맞추기보다 업무 전체에 초점을 맞추는 것이 합리적이다. 이 사건은 이미 언급된 바와 같이, 두 사람의 외과의와 세 사람의 간호사가 관련되어 있다. 수술 간호사는 최근 시험에 합격하여, 당시 도입교육 프로그램에 참가하고 있었다. 보조간호사는 수술 준비와 마지막 단계에만 관련되었다. 그 외 추가로 마취간호사와 마취의 두 명이 더 관련되었다. 마취의는 수술중인 수술실에는 없었으나, 마취 간호사가 도움을 요청할 것에 대비해 옆방에서 대기하고 있었다.

수술 진행은 평소와는 달랐는데 이는 환자가 임상실험에 참가하고 있었기 때문이다. 이에 따라, 수술 진행이 종결되고 상처가 봉합되기 전에 특수 진통제가 투여되도록 되어 있었다.

이런 상황을 염두에 두고, 우리는 관심을 가져야 할 기능을 특정하고 설명을 시작할 수 있다. 가능한 한 간결하게 서술하기 위해, 분석을 통한 첫 번째 관문은 분석에 대해 직접적으로 관계되는 측면만을 서술한다. 두 번째 관문은, 그러한 서술들을 상세화하고 다른 측면을 서술하는 것으로 그것들을 보충하여 완전한 것으로 만든다. 이 사례의 적절한 시작점은 <상처 봉합>이라는 기능이다.

이 첫 번째 기능의 각 측면에 대한 설명은, 4가지 다른 기능의 존재를 나타낸다. 하나는 외과 수술의 완결로 이어지는 하류 기능, 즉 입력으로써 [상처가 봉합되었다]는 기능이다. 두 번째는 [외과수술의 완료]를 출력으로 하는 상류 기능이다. 그리고 세 번

[표 9.1] 〈상처 봉합〉의 FRAM 표현

| 기능명칭 | 상처 봉합 |
|---|---|
| 설명 | 이것은 외과수술 진행의 완결 부분이다. 집도의에 의해 이루어진다. |
| **측면** | **측면 서술** |
| 입력 | 외과수술 진행은 완료되었다. |
| 출력 | 상처가 봉합되었다. |
| 전제조건 | 모든 기구와 재료가 파악되었다. |
| | 특수 진통제가 투여되었다. |
| 자원 | '초기 규정 없음' |
| 제어 | '초기 규정 없음' |
| 시간 | '초기 규정 없음' |

째와 네 번째는 출력으로써의 두 가지 상류 기능이며 <상처 봉합>의 전제 조건이 되는 것이다. 즉, [모든 기구와 재료가 해명되었다]와 [특수 진통제가 투여되었다]이다. 여기에서 서술된 기능은 두 가지의 전제조건이라는 것에 유의하기 바란다. 일반적으로, 한 기능은 요구되는 만큼 많은 측면의 사례를 가질 수 있다.

FRAM 분석은 위에서 말한 4가지의 특정된 기능 각각의 설명에 의해 계속된다. 그들 전부가 서술되어야 할 필요가 있지만, 그 연결 순서는 문제가 되지 않는다.

기구나 재료의 수량을 확인하는 것은 수술 중에 몇 번은 해야 하는 것으로, 적어도 수술은 종료되었지만 상처가 봉합되기 전과, 상처가 봉합되었지만 환자가 각성하기 전에 최소 두 번은 해야 하는 것이다. 두 번의 수량 확인 기능을 구별하기 위해, BS(봉

[표 9.2] 〈기구와 재료/(봉합 후)의 수량 확인〉의 FRAM 표현

| 기능명칭 | 기구와 재료/(봉합 후)의 수량 확인 |
|---|---|
| 설명 | 봉합 완료 후 수술 간호사에 의해 이루어짐 |
| **측면** | **측면 서술** |
| 입력 | 상처가 봉합되었다. |
| 출력 | 환자가 각성 단계에 있다. |
| 전제조건 | '초기 규정 없음' |
| 자원 | '초기 규정 없음' |
| 제어 | '초기 규정 없음' |
| 시간 | '초기 규정 없음' |

[표 9.3] 〈환자 각성〉의 FRAM 표현

| 기능명칭 | 환자를 각성시킨다. |
|---|---|
| 설명 | 수술이 끝난 후, 가능한 한 마취의 도움을 받아 마취간호사가 실시 |
| 측면 | 측면 서술 |
| 입력 | 환자가 각성 단계에 있다. |
| 출력 | '초기 규정 없음' |
| 전제조건 | '초기 규정 없음' |
| 자원 | '초기 규정 없음' |
| 제어 | '초기 규정 없음' |
| 시간 | '초기 규정 없음' |

합 전, Before Suturing)와 AS(봉합 후, After Suturing)로 각각 표시하였다.

출력은 환자가 각성 단계에 있는 것이며, 이것은 모든 기구와 재료가 해명되었기 때문이다. 삽관을 제거하고 환자가 각성하기 전에, 마지막 확인으로써 수량 확인은 상처가 봉합된 후에 실시된다. 다른 두 가지 기능의 존재도, 하나는 이미 언급되었고 다른 하나는 [표 9.3]과 같다.

FRAM분석에서, <환자를 각성 시킨다>는 기능은, 배경 기능으로 간주되는 첫 번째 반복전개다. 그 기능은 출력 [환자가 각성 단계에 있다]의 최종 목적으로써 요구된다. 배경 기능은, 다른 기능에 대해 잠재적 결합을 갖는 어느 한 기능의 모든 측면을 보증하기 위해 사용될 수 있다. 이 사례에서 <환자를 각성 시킨다>는 상류 기능으로부터의 단순히 출력을 받는 역할이기 때문에, 그 자신이 출력을 가질 필요는 없다. 측면은 아무것도 서술되어 있지 않기 때문에 <환자를 각성 시킨다>는 추가로 다른 기능을 나타내지 않는다. 그러므로 분석은 자연스레 종점이 되는 것으로 여겨진다. 마찬가지 이유로, 분석 대상이 되는 시스템의 경계도 규정한다. <환자를 각성 시킨다>는 실제로는 어느 한 기능을 위한 것으로, 분석이 어떻게 나타나게 될지에 따라 나중에 상세하게 서술되어야 할 필요가 있는 기능이다. 이는 FRAM 모델이 확장되거나 상세화될 수 있는 방법을 제공한다.

위에서 말한 바와 같이, 기구와 재료는 여러 경우의 역할이 있다.

[표 9.4] 〈기구와 재료/(봉합 전)의 수량 확인〉의 FRAM 표현

| 기능명칭 | 기구와 재료/(봉합 전)의 수량 확인 |
|---|---|
| 설명 | 봉합 개시 전에 수술실 간호사에 의해 행해짐 |
| **측면** | **측면 서술** |
| 입력 | 수술 진행은 완료되었다. |
| 출력 | 모든 기구와 재료가 해명되었다. |
| 전제조건 | 특수 진통제가 투여되었다. |
| 자원 | '초기 규정 없음' |
| 제어 | '초기 규정 없음' |
| 시간 | '초기 규정 없음' |

환자는 임상실험에 참가하고 있었으므로, <기구와 재료의 수량 확인/봉합 전> 기능의 전제조건은 [특수 진통제가 투여되었다]가 된다. 따라서 이 기능은 다른 두 기능을 나타내며, 그 하나는 이미 규정한 <상처 봉합>이다. <기구와 재료의 수량 확인> 기능의 수행은 변동함으로 배경 기능이라기보다 전경 기능으로 간주된다.

특수 진통제의 투여는 통상 외과 수술 진행에는 없는 것이다. 그것은 이 사건의 일부이므로 실행되어야 하는 기능에 포함되는 것이다. 그것은 또한 <상처 봉합>과 <기구와 재료의 수량 확인> 기능에 의해 나타낸다.

[표 9.5] 〈특수 진통제 투여〉의 FRAM 표현

| 기능명칭 | 특수 진통제 투여 |
|---|---|
| 설명 | 수술실 간호사에 의해 행해짐. 수술 중 부가업무이었음에 유의할 것 |
| **측면** | **측면 서술** |
| 입력 | 조직 샘플이 추출되었다.<br>특수 진통제를 넣은 주사기 |
| 출력 | 특수 진통제가 투여되었다. |
| 전제조건 | 지혈이 이루어졌다. |
| 자원 | '초기 규정 없음' |
| 제어 | '초기 규정 없음' |
| 시간 | '초기 규정 없음' |

[표 9.6] 〈특수 진통제 준비〉의 FRAM 표현

| 기능명칭 | 특수 진통제 준비 |
|---|---|
| 설명 | 수술실 간호사에 의해 행해짐 |
| 측면 | 측면 서술 |
| 입력 | 복부 수술이 개시되었다. |
| 출력 | 특수 진통제를 넣은 주사기 |
| 전제조건 | '초기 규정 없음' |
| 자원 | '초기 규정 없음' |
| 제어 | '초기 규정 없음' |
| 시간 | '초기 규정 없음' |

<특수 진통제의 투여> 기능은, 간결하게 서술할 필요가 있는 다른 세 기능을 나타낸다. 문제가 되고 있는 사건에 있어서 그것은 배경 기능이라기보다 전경 기능이다. 한 가지 이유는, 고려해야 할 기간 동안 잠재적으로 변동할 수 있다는 것이므로 적어도 규정된 입력이 필요하다. 그러나 모든 경우에서, 입력은 배경 기능의 출력으로 가정된다. 즉 더 이상 분석될 필요가 없다는 것을 의미한다. <특수 진통제 준비>는 상기와 같이 서술된다.

<조직 샘플 추출>은 [표 9.7]과 같이 서술된다.

[표 9.7] 〈조직 샘플 추출〉의 FRAM 표현

| 기능명칭 | 조직 샘플 추출 |
|---|---|
| 설명 | 집도의에 의해 행해짐 |
| 측면 | 측면 서술 |
| 입력 | 복부 수술이 개시되었다. |
| 출력 | 조직 샘플이 추출되었다. |
| 전제조건 | '초기 규정 없음' |
| 자원 | '초기 규정 없음' |
| 제어 | '초기 규정 없음' |
| 시간 | '초기 규정 없음' |

양 측면에 있어 요구되는 배경 기능은 <복부 수술의 개시>이다.

[표 9.8] 〈복부 수술 개시〉의 FRAM 표현

| 기능명칭 | 복부 수술 개시 |
|---|---|
| 설명 | 집도의에 의해 행해짐 |
| **측면** | **측면 서술** |
| 입력 | '초기 규정 없음' |
| 출력 | 복부 수술이 개시되었다. |
| 전제조건 | '초기 규정 없음' |
| 자원 | '초기 규정 없음' |
| 제어 | '초기 규정 없음' |
| 시간 | '초기 규정 없음' |

이것은 배경기능으로 간주되기 때문에 출력만 규정된다. 다른 5가지의 측면은 더 이상 서술되지 않는다.

<지혈>은 [표 9.9]와 같이 서술된다.

요구되는 배경기능은 <출혈>이다. 이것은 수술 중 출혈이 발생한 상태를 서술한다. 엄밀히 말하자면, 그러한 행위가 아니라 외부의 상태로 간주되어야 한다. 그러나 이 상태의 실현은 여기서 설명하지 않겠지만 많은 상류기능의 변동결과일 수 있다.

[표 9.9] 〈지혈〉의 FRAM 표현

| 기능명칭 | 지혈(출혈이 멈춤) |
|---|---|
| 설명 | 출혈을 멈추기 위해 필요한 단계를 서술 |
| **측면** | **측면 서술** |
| 입력 | 제어할 수 없는 출혈 |
| 출력 | 지혈이 완료되었다. |
| 전제조건 | '초기 규정 없음' |
| 자원 | '초기 규정 없음' |
| 제어 | '초기 규정 없음' |
| 시간 | '초기 규정 없음' |

[표 9.10] 〈출혈〉의 FRAM 표현

| 기능명칭 | 출혈 |
|---|---|
| 설명 | 외과 수술 중에 일어날 수 있는 상황 |
| 측면 | 측면 서술 |
| 입력 | '초기 규정 없음' |
| 출력 | 제어할 수 없는 출혈 |
| 전제조건 | '초기 규정 없음' |
| 자원 | '초기 규정 없음' |
| 제어 | '초기 규정 없음' |
| 시간 | '초기 규정 없음' |

[표 9.11] 〈외과 수술 완료〉의 FRAM 표현

| 기능명칭 | 외과 수술 완료 |
|---|---|
| 설명 | 집도의와 보조 외과의에 의해 행해짐 |
| 측면 | 측면 서술 |
| 입력 | 조직 샘플이 추출되었다. |
| 출력 | 외과 수술 진행이 완료되었다. |
| 전제조건 | 지혈이 되었다. |
| 자원 | '초기 규정 없음' |
| 제어 | '초기 규정 없음' |
| 시간 | '초기 규정 없음' |

출혈은 배경기능으로 간주되기 때문에 출력만 규정된다. 다른 5가지의 측면은 더 이상 서술되지 않는다.

FRAM 모델의 첫 번째 반복전개를 완료하기 위해서는 <외과 수술 완료> 기능의 서술만 남아 있다.

이 기능의 세 가지 측면은 이미 다른 기능에 의해 서술되었다. 따라서 FRAM분석의 첫 번째 반복전개는 끝마쳤다.

이 단계 분석에서 FRAM 모델의 일관성과 완전성이 확인되어야 한다. 일관성은 각 측면들이 같은 명칭을 사용하여 서술되고 있는지를 명백히 하는 것으로써 확인할 수 있다. 만일, 예를 들어 어떤 측면은 [수술 진행은 완료 되었다]라고 서술되고, 다른 측면은 [모든 수술 진행은 완료되었다]라고 서술되어 있다면, 이것은 같은 측면을 언급하고 있는 것인지, 아니면 두 가지의 다른 측면을 언급하고 있는지 확인해야만 한다. 전자라면 명칭을 동일하게 조정해야 하고, 후자라면 명칭을 조금 더 명확하게 함으로써 서로 다른 것으로써 강조되어야 한다. 완전성은 어떤 한 기능을 위해 서술된 모든 측면들은 하나 이상의 다른 기능의 측면들 중에서 찾아볼 수 있다는 것을 확인하기 위해 각 기능들을 통해 일일이 점검될 수 있다. 다시 말해 공중에 매달려있는 것 같은 [느슨한] 측면이 있어서는 안 된다. 물론, 일관성을 우선적으로 확인해야 할 필요가 있다.

### 3) 변동요인

FRAM 모델에 포함되는 모든 기능은 근본적으로 인간에 의해 수행되기 때문에, 모든 기능은 잠재적으로 변동한다. 수행 변동성은 다양한 변동 요인의 서술을 통해 볼 수 있다(제6장 참조).

### 4) 내적 변동

이 사건의 지속시간은 비교적 짧으므로 인적 기능의 내적 변동은 존재하지 않았다고 가정할 수 있다. 다시 말해, 수술 그 자체에 의해 사람이 피로해질 정도로 수술이 오래 지속되지 않았으며, 24시간 주기 리듬의 영향도 없었다. 물론, 그 이전의 업무로부터 생긴 영향은 있을 수 있지만, 그것에 관한 데이터가 없어서 내적 변동이 중요하지 않았다고 가정된다. 또한 수술실팀과 같은 조직 기능의 내적 변동에 대해서도 같은 논리가 해당된다.

수술 중에 생긴 출혈은, 내적(생리적, 해부학적) 변동의 특별한 경우라고 간주될 수 있다. 출혈은, 외과적 수술 진행의 변동이나 환자의 일반적 건강상태 등을 포함하여, 복부 수술 중 여러 이유로 일어날 수 있는 것이다.

### 5) 외적 변동

이 사례에서 분명한 변동요인은 두세건의 수술 진행이었다. 즉, 집도의와 보조외과의는 담당 수술실에서의 수술과 다른 두 건의 긴급 수술을 수행하고 있었던 것이다.

이 사건 동안 수술실에서 몇 번의 전화가 이어졌으며, 그것은 집도의는 한 번, 보조외과의는 두 번이나 부재중이었다는 것을 의미한다. 이러한 과중한 업무량 상태와 전화가 없었다면 순조로운 진행이 되었을 수술이 몇 번이나 중단된 것으로 이어졌다. 그밖에, 수술 간호사는 최근에 자격을 취득하여 아직 관리 간호사 감독 하에 있었고 따라서 관리간호사는 평소보다 더 많은 일을 하여야 했다. 마지막으로, 환자는 임상실험에 참가하고 있어 수술 진행의 마지막 단계에 특수 진통제가 투여되었어야 했다. 이것도 진행과정에서 변동을 일으킨다.

이러한 모든 상황은, 수술간호사의 수행방식에서 변동이 있었으며, 잘못된 진통제가 든 주사기가 준비된 것을 발견했을 때 생긴 부가 업무에 의해 악화되었다고 가정하는 것이 이치에 맞다. 집도의와 보조외과의가 모두 다른 수술을 진행할 수 있도록 자신들의 업무를 완료하기 위한 상당한 시간적 압박감이 있었기 때문에 그들의 수행은 더 많은 변동이 있을 수 있다.

이 상황의 또 다른 결과로써, 수술실과 주고받은 의사소통이 나빠져서 또 다른 외적 변동 요인을 일으켰다. 그것은 기술적 소통 기능이 아니고(즉, 소통수준) 예를 들어, 수술실에 —통화중이었던— 전화기가 한 대밖에 없어 마취 간호사가 전화기를 필요로 했을 때 이용할 수 없었던 것도 변동 요인이다.

## 6) 상·하류의 결합

일반적 입력 및 특정 입력의 변동은, 여러 기능으로부터 출력변동으로 특징화하여 서술할 수 있고, 출력이 변동되는 것에 대한 가정은 각 기능의(수행) 변동의 결과이다. 수행 변동성(제6장)을 서술하는 간략한 해결책을 사용하면 출력은 시간과 정확성이라는 면에서 변동할 수 있다. [표 9.12]는 어떤 이유 또는 다른 이유로 수행이 변동하는 기능에 대해 출력의 변동을 정리한 것이다. <출혈>의 경우는, 혈액 양을 적절히 서술할 수 없기 때문에 애매한 용어가 사용되었다.

[표 9.12] [Duki I buk] 사례에서의 출력 변동

| 기능 | 출력 | 출력 변동 |
|---|---|---|
| 상처의 봉합 | 상처가 봉합되었다. | 너무 느림, 출혈과 특수 진통제에 관한 문제에 기인함 |
| 기구와 재료 수량 확인(봉합 전) | 모든 기구와 재료의 수량을 확인한다. | 너무 빠름, 수술실 간호사는 재료 일부가 아직 환자의 복부에 있을 때 수량 확인을 했다. |
| 특수 진통제 준비 | 특수 진통제를 넣은 주사기 | 잘못된 대상, 잘못된 진통제 |
| 특수 진통제 투여 | 특수 진통제가 투여되었다. | 너무 느림, 잘못된 진통제가 주사기에 들어있어 교체되어야 한다. |
| 기구와 재료 수량 확인(봉합 후) | 환자는 각성될 준비가 되어 있음 | 너무 느림, 집도의가 수술실을 떠난 후에 실시되었다. |
| 지혈(출혈의 정지) | 지혈이 완료되었다. | 너무 느림, 출혈은 평소보다 매우 복잡했기 때문에 제어에 시간이 더 소요되었다. |
| 출혈 | 제어할 수 없는 출혈 | 너무 많다. |
| 외과 수술의 완료 | 외과 수술이 완료되었다. | 출혈 때문에 너무 늦음 |
| 환자의 각성 | 초기 규정 없음([환자는 깨어 있다]로 표기할 수 있다.) | 너무 빠름, 많은 혼란과 지연이 있었기 때문에 수술이 완료되기를 전원이 갈망했다. |

## 7) 모델의 구체화

각 측면간 잠재적인 결합은 FRAM모델에 모두 포함되고, 기능의 잠재적 변동도 마찬가지이다. 실제 변동은 모델의 구체화를 고려함으로써 설명될 수 있고, 그 경우 실제의 사건과 일치한다. 그러나 모델이 보다 더 전개되지 않으면 구체화는 일어났던 것을 완전하게 서술할 수 없다.

어떤 측면들은 FRAM모델의 첫 번째 반복전개에서는 서술되지 않았고, 이것은 분명 두 번째 반복전개에서 행해져야 하는 것이다. 그러한 것들 중 중요한 것은 시간에 대한 서술이며, 위에서 언급한 이유는 상당한 시간적 압박이 있었기 때문이다. 이것은 <외과 수술 진행 완료>의 시간 측면에 상류 기능 <다른 수술실로부터 외과의 호출>로 나타낼 수 있다. 또 다른 중요한 측면은, 가령 전문의의 유용성과 간호사의 경험 같은 자원 또는 실행조건 측면이다. 또한 예를 들어, 주사기의 준비 기능이 <특수 진

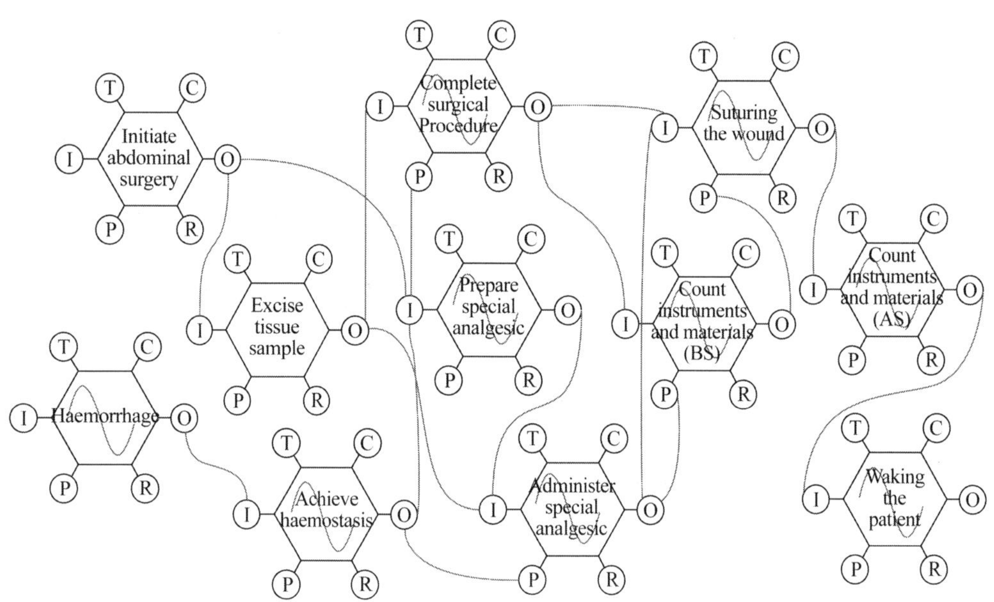


[그림 9.1] [복부의 스폰지] FRAM모델의 전개

통제 준비>가 상세히 설명되는 때에 도입된다면, 두 번째 반복전개에서 제어측면을 서술할 필요성도 있을 것이다. 이것은 반복적인 활동이 아니라는 가정이 타당하며, 따라서 변동하기 쉽다. 그러나 FRAM모델의 두 번째 반복전개는 흥미를 가진 독자들에게 맡긴다.

실례로서, FRAM모델의 첫 번째 반복전개의 구체화를 [그림 9.1]에 나타내었다.

이 사건의 최대 문제는, 수량확인/BS이 너무 빨리 이루어졌고, 어느 누구도 그에 대해 주의를 기울이고 있지 않은 것으로 보인다. 또한 마지막 수량확인/AS 때 처음 발견되고, 그것은 상처가 봉합되고 난 다음이었다. 이처럼 상황의 변동성은, 전제조건(수량 확인)을 체크하지 않고, 또 최종적인 수량 확인을 하기 전에 환자의 각성을 개시했다는 의미에서 봉합 기능이 변동했다는 것을 의미하고 있다.

## 2 카 페리 'Herald of Free Enterprise호' 참사

두 번째 사례는, 자동차가 바로 타고 내릴 수 있는 RORO식(roll on－roll off) 여객 훼리 'Herald of Free Enterprise호'가 1987년 3월 6일 벨기에 지브룩 항 밖에서 일어난 전복사고이다. 항로는 영국 도버로 향하는 것이었으나 항구를 떠난 직후 전복되어, 바닷물에 반쯤 잠기어 승객과 승무원 193명이 희생된 사건이었다.

### 1) 발생한 사건

'Herald of Free Enterprise호'는 최신의 RORO식 카 훼리이며, 도버－칼레 항로용으로 설계되어, 최대 1400명의 여객 정원으로 승인된 대형 훼리였다. 도버－칼레 항로는 매우 짧은 약 22해리였으며, 소요 시간은 약 90분이었다. 지브룩과 도버 간의 항로는 길어서 약 72해리로 통상 하루에 1회만 출항하였다.

'Herald호'에는 두 개의 주 차량갑판 층(Deck)이 있었다. 여기에는 선수부와 선미부의 수밀문을 통해 화물이 적재되었다. 수밀문은 조개 뚜껑과 같이 설계되어 수평으로 개폐되는 것이었다. 이러한 설계로 인해 선장은 문이 열려있는지 닫혀있는지를 브릿지에서는 볼 수가 없었다. 위쪽의 차량 데크의 적재는 선수부의 전천후형 문과 선미부의 입구를 통해서 이루어졌다. 도버와 칼레에서는 더블 데크의 적재램프를 이용하여 위쪽의 데크와 메인데크측 동시에 차량을 하역하는 것이 가능했지만, 지브룩에서는 한 개의 접근 램프만 있어서 동시에 데크에 적재하는 것은 불가능했다. 한 개의 램프로는 위쪽의 차량 데크에는 충분히 닿지 않았으므로, 적재를 용이하게 하기 위해 'Herald호'의 선수부 탱크에 펌프로 선박 평형수가 보내졌다. 그러므로 이 항구에서 페리호의 회송 시간은 더 길게 소요되었다.

'Herald호'가 지브룩을 출항했을 때, 선수부 밸러스트 탱크에서는 평형수가 모두 배출되지 않았고, 그 결과 선수부는 3피트 정도 내려가 있는 상태였다. 부갑판장은 선수부 문을 닫을 책임이 있었다. 그는 지브룩에 도착했을 때 선수부 문을 열었고, 보수와 청소 작업을 감독하고 있었다. 그 후 그는 갑판장의 지시에 따라 이 작업에서 벗어나 선실로 돌아갔다. 그는 잠이 들어, 부두에서 출항 때 지정된 위치를 지키도록 승무원들에게 주의를 주는 '출항 정 위치' 선내 방송이 나왔을 때 눈을 뜨지 못했다.

갑판장은 '출항 정 위치' 선내 방송에 따라 차량 데크를 떠나 자신의 지정된 위치로 향했다. 나중에 그가 말한 바로는 선수부의 문을 닫는 일이나, 누가 선수부 문을 닫았는지 확인하는 일조차 그 때까지 그의 업무였던 적은 한 번도 없었다. 일등항해사는 차량의 적재 담당이었다. 그는 부갑판장이 문 컨트롤 판넬을 향해 주차중인 차량사이를 걷고 있는 것을 봤다고 생각했을 때까지 차량 데크에 머물러 있었다고 진술했다. 그 후, 일등항해사는 출항시 자신의 지정된 위치인 브릿지로 향했다.

Herald호는 먼저 선미부부터 부두를 떠나서 내항을 나서기 전에 180도 우선회했다. 그 후 항구 밖 방파제를 통과하여 항해속력인 22노트로 가속을 시작했다. 속도가 빨라짐에 따라 선수부의 파도는 뱃머리 아래에서 점점 더 커지고 있었다. 15노트일 때 배의 선수부는 평소보다 3피트 정도 내려가 있었기 때문에 열려있는 문을 통해 메인 차량 데크로 분당 200톤 비율로 바닷물이 쏟아지기 시작했다. 이러한 형태의 배는 칸막이벽이 세분되어 있지 않기 때문에 바닷물은 갑판의 끝에서 끝과 좌우로 흘러갈 수 있다. 선수부 문을 통해 범람한 바닷물에 의해 배는 이내 불안정한 상태가 되었다.

Herald호는 순식간에 좌현으로 30도 기울었다. 대량의 바닷물이 계속해서 유입되어 차량 데크의 좌현측을 가득 채우고, 현지 시각 19시 05분을 40초가량 지난 후 좌현으로 전복되었다. 배는 90도 이상 기울어져 해저에 가라앉았고 수면 위로 우현 바깥쪽 선체의 반만 보였다. 배에서는 단 한 척의 구명보트조차 진수시키지 못했다.

## 2) 기능과 FRAM 모델

이 사건은 지브룩에서 출항하는 동안 배에 필요한 활동순서를 나타내는 세 가지 상위수준의 기능으로 서술할 수 있다.

- 적재 완료
- 항해 전 조작(선수부 문을 닫는다, 밸러스트를 배출하거나 배를 수평자세로 회복시킨다.)
- 조종－항해(출항 정 위치 방송을 한다. 승무원이 정 위치한다. 계류구를 푼다. 출항한다. 항해 속력까지 가속한다.)

[표 9.13] 〈출항 한다〉의 FRAM 표현

| 기능명칭 | 출항 한다 |
|---|---|
| 설명 | 배가 정박지를 떠나 항해를 위해 내항을 통과한다. |
| 측면 | 측면서술 |
| 입력 | 승무원이 출항 정 위치되어 있다. |
| 출력 | 배가 항구를 떠났다. |
| 전제조건 | 배의 균형을 잡는다. |
| | 선수부 문은 닫혀 있다. |
| | 계류구가 풀어져 있다. |
| 자원 | '초기 규정 없음' |
| 제어 | '초기 규정 없음' |
| 시간 | 항해 일정 |

이 일반적이고 비기술적인 서술에서조차 분명하게 알아볼 수 있는 다수의 기능을 지적하고 있다. 그것들은 순서대로, <적재 완료> <선수부 문을 닫는다> <수평자세로 회복 시킨다> <출항 정 위치 방송을 한다> <승무원이 정 위치한다> <계류구를 푼다> <출항 한다> <항해 속력까지 가속한다> 등이다. FRAM분석은 이러한 기능과 그것들이 어떻게 상호 의존하고 있는지를 특징짓는 것에서부터 시작한다. 이것은 배의 전복사고에서 시작해서, 일련의 필요 충분한 원인이 발견될 때까지 단계적으로 거슬러 올라가는 종래의 사고 조사와 확연히 대조적이다.

그 차이를 예시하기 위해, <출항한다> 기능에 주목하는 것으로 FRAM분석을 개시한다. 나중에 깨달은 일이지만, 이 기능은 전제조건이 만족되지 않았음에도 불구하고 실행되었다. 분석은 이전의 사례와 같은 원칙으로 진행되므로, 여기에서는 세세한 언급은 되풀이 하지 않는 것으로 한다.

<출항한다> 기능의 서술은 다른 6가지 기능의 존재를 나타내고 있다. 하나의 입력, 하나의 출력, 세 개의 전제조건, 하나의 시간에 대해서이다. FRAM은 이런 모든 기능의 서술을 요구하지만, 본 예에서는, 그 중 몇 가지에만 초점을 맞추도록 한다.

출력 [배가 항구를 떠났다]는, <항해를 시작하다>라고 불릴 수 있는 입력기능이 된다. 이것은 본 예에서는 더 이상 서술하지 않는다. 시간에 대한 입력 [항해 일정]은 <동계 일정을 만든다>라고 불릴 수 있는 배경기능의 출력으로 간주할 수 있다. 이것

[표 9.14] 〈선수부 문을 닫는다〉의 FRAM 표현

| 기능명칭 | 선수부 문을 닫는다. |
|---|---|
| 설명 | 배가 항구를 나서기 전 선수부 문을 닫는다. 이것은 부갑판장에게 부여되었다. |
| **측면** | **측면서술** |
| 입력 | 선수부 문의 부갑판장 |
| 출력 | 선수부 문이 닫혀져 있다. |
| 전제조건 | 사슬이 제 위치에 있다. |
| | 승무원이 출항 정 위치되어 있다. |
| 자원 | 적재 담당자 |
| 제어 | 배의 복무 규정 |
| 시간 | '초기 규정 없음' |

도 본 예에서는 더 이상 서술하지 않는다. 그러나 세 가지 전제조건은 보다 상세하게 서술되어야 한다.

<선수부 문을 닫는다> 기능은 다른 6가지 기능의 존재를 나타낸다. 그 중 3가지는 단지 언급될 뿐이며, 여기에서 주어진 짧은 서술에는 포함되어 있지 않지만, 그것들은 FRAM 모델을 구축하는 첫 번째 반복전개에는 포함되어야 한다.

전제조건 [사슬이 제 위치에 있다]는 <적재 완료>라고 불리는 기능의 출력이다(여기에서 사슬이란 차량이 데크 위에서 움직이는 것을 방지하는 물질적 사슬이다). 이 기능은 본 사례에서는 더 이상은 서술하지 않는다.

적재 담당자의 감독을 나타내는 [적재 담당자] 자원은 <승무원의 감독>이라 불리는

[표 9.15] 〈배의 균형을 잡는다〉의 FRAM 표현

| 기능명칭 | 배의 균형을 잡는다. |
|---|---|
| 설명 | 배의 수평자세를 회복한다. 상당한 시간이 소요될 수 있다. |
| **측면** | **측면 서술** |
| 입력 | 적재가 완료되어 있다. |
| 출력 | 배의 균형이 잡혀져 있다. |
| 전제조건 | '초기 규정 없음' |
| 자원 | '초기 규정 없음' |
| 제어 | 배의 복무 규정 |
| 시간 | '초기 규정 없음' |

[표 9.16] 〈계류구를 푼다〉의 FRAM 표현

| 기능명칭 | 계류구를 푼다. |
|---|---|
| 설명 | 계류구를 푸는 것은 출항 절차의 일부이다. |
| **측면** | **측면 서술** |
| 입력 | 승무원이 출항 정 위치되어 있다. |
| 출력 | 계류구가 풀어져 있다. |
| 전제조건 | '초기 규정 없음' |
| 자원 | '초기 규정 없음' |
| 제어 | '초기 규정 없음' |
| 시간 | '초기 규정 없음' |

기능의 출력이다. 이 기능도 본 사례에서는 더 이상 서술하지 않는다.

제어 [배의 복무 규정]은 선상에서 정상적인 활동을 규정하는 지시와 절차를 나타낸다. 이러한 지시와 절차는 아마도 페리를 운영하는 회사에 의해 발행되었다. 이 기능도 본 사례에서는 더 이상 서술하지 않는다.

이것은 비교적 간단한 기능이다. 이는 밸브를 조정하고 펌프를 가동하는 것이 대부분이기 때문이다. 일단 실행되면, 승무원은 물을 다 퍼내는 것이 완료될 때까지 기다려야만 한다. 여기에 보여준 서술에서, 제어는 이미 언급된 [배의 복무 규정]을 나타낸다.

<계류구를 푼다> 기능도, 매우 간단하게 서술된다. 이것은 <출항한다>의 세 가지 전제조건을 완전하게 만든다.

[표 9.17] 〈적재완료〉의 FRAM 표현

| 기능명칭 | 적재 완료 |
|---|---|
| 설명 | 사슬을 제 위치에 놓는 것을 포함하여 적재를 완료하는 활동이다. |
| **측면** | **측면 서술** |
| 입력 | '초기 규정 없음' |
| 출력 | 적재가 완료되었다. |
| | 출항 정 위치를 위한 선내 방송 |
| 전제조건 | '초기 규정 없음' |
| 자원 | '초기 규정 없음' |
| 제어 | '초기 규정 없음' |
| 시간 | '초기 규정 없음' |

[표 9.18] 〈승무원 정 위치〉의 FRAM 표현

| 기능명칭 | 승무원 정 위치 |
|---|---|
| 설명 | 출항을 위해 승무원이 정 위치를 취하도록 하기 위한 신호이다. |
| **측면** | **측면 서술** |
| 입력 | 출항 정 위치를 위한 선내방송 |
| 출력 | 승무원이 출항 정 위치되어 있다. |
| | 부 갑판장 선수부 문에 위치 |
| 전제조건 | '초기 규정 없음' |
| 자원 | '초기 규정 없음' |
| 제어 | '초기 규정 없음' |
| 시간 | '초기 규정 없음' |

이 기능은 두 개의 다른 출력을 가지는 것으로 서술되는 점에 주의한다. 하나는 [적재가 완료됐다]는 신호이며 또 하나는 출항 정 위치를 위한 선내방송 준비가 된 것이다.

이 기능은 출항할 준비에 있어 중요한 단계를 나타낸다. 이 기능은 두 개의 다른 출력을 가지고 있다. 하나는 전반적으로 승무원이 출항 정 위치되어 있는 것이고, 또 하나는 부갑판장이 자신의 위치인 선수부 문에 위치하는 것이다.

## 3) 변동요인

주요한 변동요인은 배가 평소 다니는 칼레에서의 항로가 아닌, 지브룩에서 도버로 향하고 있었다는 것이다. 지브룩에는 더블 데크 램프가 없기 때문에 차량을 싣고 내리는데 더 오랜 시간이 걸렸다. 회사측은 그것에 대해 시간적인 여유를 주지 않아서 더 복잡한 절차가 요구되었으며 운항 일정을 유지하려고 시간적 압박을 받고 있었다.

## 4) 내적 변동

주요한 기술적 기능을 고려한다면, 선수부 문은 열려 있었지만 고장 때문은 아니었다. 승무원이 그것을 닫으려 했다면 장치는 아마 작동했을 것이다. 밸러스트 탱크를 비우기 위해서 사용한 펌프도 역시 작동했으나, 수평자세를 회복하기 위해 탱크를 비우기 위한 허용 시간이 충분치 않았다. 전반적으로 사건 보고에는 기술적인 기능부전을 시사하는 것은 아무것도 없다.

인적 기능에 관하여, 일부 명백한 변동이 존재하고 있었다. 사고는 오후 늦게 혹은 이른 저녁에 일어났지만 부갑판장은 자신의 선실에서 깊이 잠들어 있었다. 그는 분명 피곤했고 그것은 그의 근무시간이나 전 교대근무로부터 어느 정도 휴식을 취했는지 등에 의한 것이었을 수 있다. 갑판장, 일등 항해사, 선장 등을 포함한 다른 주요한 관계자에 대해서 앞에서 말한 시간적 압박이 수행을 변동시킬 수 있다는 것은 당연할 것 같다. 가령 효율성과 완전성간의 균형에 의해 시간이 좀 더 필요한 상황을 생각나게 하는 것과 같은 것이다.

조직적 기능에 대해서는, 사건의 도중에는 변동은 존재하지 않았던 것으로 가정할 수 있다. 사실 이 사건 전체는 약 1시간 정도 만에 일어난 것으로 실제 항행은 약 20분이었다. 조직적 기능의 변동 빈도는 통상의 확률보다 낮은 것이다.

## 5) 외적 변동

기술적 기능에 대해서 요구된 대로 수행되지 않았다는 징후는 전혀 없다(이 사건은 일부 기술적 기능이 결여되어 있다. 가령 선수부 문 상태의 표시이다. 그러나 그것은 전혀 다른 문제이다).

'Herald호' 사례에서는 인적, 조직적 기능 변동에는 여러 외적 원인이 있다. 인적 기능에 있어서는 일정을 지키도록 압력이 존재하고 있었다. 즉, 출발과 도착시각의 엄수이다. 몇몇 기능은 시간을 벌기 위해 일찍 시작하거나 당연한 것으로 받아드려 기능을 조절하였다. 이것은 출항시 완료되지 않았던 배의 평형수 배출이나 승무원들이 어떻게 처신하였는지에 대한 결과를 보여 주었다. 어떤 경우는 아마도 필요 없다고 생각했기 때문에 점검을 무시했다. 일등항해사는 자신의 출항 정 위치인 브릿지로 가기 위해 메인 데크를 떠났지만 그것은 부갑판장이 선수부 문을 향해서 이동하고 있는 것을 봤다고 생각했기 때문이다. 선장은 그렇지 않다고 보고 받지 않으면 선수부 문은 폐쇄되어 있다는 가정하에 업무에 임했다. 시간적인 압박은 그렇게 해도 충분히 안전하다는 가정하에 배의 수평자세가 회복되기 전 출항 결정에 영향을 미쳤다.

다른 영향은, 배의 선상과 선박회사의 운용면에서 '정신' 혹은 조직 문화에 있다. 이것은, 선수부 문을 닫는 일은 자신의 업무가 아니었다라는 갑판장의 발언에 의해 분명히 보여진다. 주위에서 일어나고 있는 일에 대하여 관심을 기울이지 않고 자신의 일을 효율적으로 하는 것이 강조되는 것으로 간주할 수 있다.

### 6) 상·하류의 결합

명목상의 관점에서 보면, 일반적인 입력이나 특정입력 간의 결합 때문에 이 사건에 변동성은 거의 존재하지 않는다. 항해 시작 전에 배가 평형수를 배출하지 않았던 이유는, 평형수 배출에 평소보다 시간이 많이 걸렸다는 것이 아니고, 그 작업을 완료하기에는 충분한 시간이 주어지지 않았다는 것이다. 인적 기능의 여러 내적 변동은 일반적으로 시간적인 압박에 의해 초래되었으며, 따라서 제때에 일을 완수하는 것이 중요함으로 지름길을 택하게 된다.

'Herald호'의 수평 자세는 출항시에는 확고히 하지 않았다. 그렇지만 이것은, 예를 들어 출력이 지연되었다는 의미에서 <배의 균형을 잡는다> 기능의 변동에 의한 것은 아니다. 밸러스트 탱크를 비우는 일은 시간이 걸리는 프로세스이다. 'Herald호'가 선착장을 떠났을 때 그것은 아직 완료되지 않았었지만, <배의 균형을 잡는다>가 너무 늦었기 때문이 아니라, <출항하다>가 너무 빨랐기 때문이다.

이 모델의 첫 번째 반복전개에 포함된 다른 두 기능, <적재를 완료하다>와 <계류구를 풀다>도, 어떤 중요한 변동도 나타나 있지 않다.

**[표 9.19] 'Herald호' 사례의 출력 변동**

| 기능 | 출력 | 출력의 변동 |
|---|---|---|
| 출항한다. | 배가 항구를 떠났다. | 배가 항해할 준비가 되어있지 않았다는 점에서 너무 빠르고, 예정보다 지연되었다는 점에서 너무 늦었다. |
| 선수부 문을 닫는다. | 선수부 문이 닫혔다. | 생략, 선수부 문은 닫혀 있지 않았다. |
| 승무원 정 위치한다. | 승무원이 출항 정 위치되어 있다. | 부정확 또는 미완료, 승무원 전원이 출항 정 위치에 있지 않았다. |

## 7) 모델의 구체화

FRAM모델의 구체화는, 사고가 어떻게 일어났는지를 이해하기 위하여 [표 9.19]에 설명한 변동성이 어떻게 이용될 수 있는지를 나타낸다. 이 사례의 주요한 변동은, 강하게 인식된 출항 시작을 위한 필요성이며, 그것은 확인되었어야 할 일부 전제조건이 확인되지 않았다는 것을 의미했다. 선장은 습관적으로 부정적 보고(Negative Report)에 의지하고 있었으며, 이 의미는 선수부 문이 열려 있다고 명확하게 말하지 않으면 선수부 문은 닫혀 있다고 가정한다는 의미이다. 브릿지의 항해사들도 배의 수평 자세는 취해지지 않았었지만 선착장을 떠나도 안전하다고 가정했을 것이다. 결국 선수부 문이 닫힌 것으로 가정했다. 최종적으로, 출력이 부정확하였고 아마도 시기상조이기조차 했다는 의미에서 <승무원 정 위치> 기능 역시 변동했다.

'Herald호' 사례의 FRAM모델을 구축하는 첫 번째 반복전개는 분명히 개략적이고 불완전하다. 그러나 모델이 어떻게 구축될 수 있고, 또 어떻게 상세화될 수 있는지를 보여주고 있다. 각 기능은 보다 상세하게 서술될 수 있고, 또 그렇게 되어야 하며, 그것에 의해 무엇이 일어났어야 하는지를 보다 정확하게 서술하는 모델로 이어질 것이다. 그리고 무엇이 일어났는지에 대한 이해를 증진시키는 근거로써 이용될 수 있다.

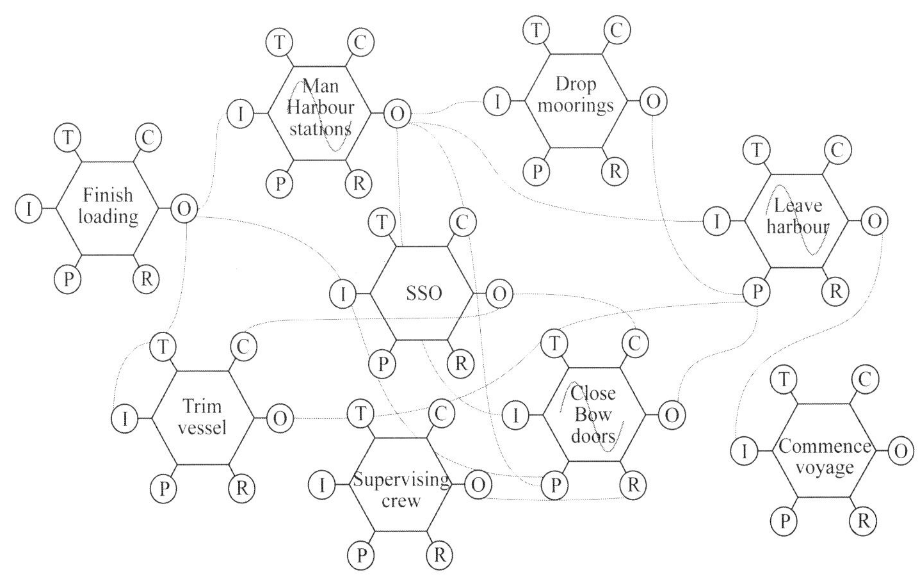


[그림 9.2] 'Herald호'의 사례의 FRAM모델 전개

## 3 금융 시스템

마지막 사례는 금융 시스템 또는 금융 시스템의 몇 가지 기본 기능을 분석하기 위해 FRAM이 어떻게 이용될 수 있는지를 보여준다. 금융 시스템이 거의 모든 사람들에게 예기치 못한 중대하고 광범위한 결과를 불러오면서, 대부분의 사람들은 제어할 수 없다는 것을 아직까지도 고통스럽게 인식하고 있다. 마지막 사례의 목적은, 2007~2008년에 걸쳐 미국 금융위기에 대한 FRAM분석을 나타낸 것이 아니라, 증가하는 변동의 역할을 이해하고 가능한 결과가 보다 쉽게 확인되도록, 금융 시스템의 기본 기능을 확인하고 나타내기 위해 FRAM이 어떻게 이용될 수 있는지를 입증하기 위함이다.

### 1) 고려 대상의 시스템

본 사례는 어떤 특정한 또는 지정된 시스템이 아니라 일반적인 금융시장에서 일부 명백한 기능에 관한 것이다. 아마도 은행 같은 금융시스템의 가장 중요한 목적은, 예를 들어 집을 사거나 산업 활동에 자금을 지원하거나, 또한 필요조건에 적합하다면 대출요구에 대해 자금을 제공하는 것이다. 이런 상황은 새로운 차를 사기 위한 소액대출일수도 있거나 집을 사기 위한 큰 대출일수도 있지만, 대부분의 사람들도 한 두번은 경험을 갖고 있다.

전형적인 절차는, 신청인 즉, 개인이 금융기관(은행)에 대출을 신청하는 것이다. 은행이 대출을 승인할지 결정하기 위해서는 신청인의 신용도가 필요하고, 그것은 기본적으로 금융 위험 분석이다. 결과가 양호하다면, 은행은 신청인에게 자금을 이체한다(물론, 해당서류에 사인 후 은행은 자금을 제공한다). 대출이 시행되는 동안, 은행은 대출에 대한 위험관리를 지속해야만 하며, 이는 시장상황이 악화되면 주택 등의 담보가치가 감소할 수 있기 때문이다. 마찬가지로 감시기관은 은행 등이 적절한 절차를 따르고 있는지 확인함으로써 시장의 위험을 관리하여야 한다. 은행은 그들 자신의 자본에 의존하거나, 때로는 추가적인 자본이 필요할 수 있으며, 급변하는 시장상황 등에 의존할 수 있다. 이 간결하고 비기술적인 서술이 분명해지도록 금융 시스템의 모델을 개발하는데 있어서 검토해야 할 많은 기능들이 있다.

## 2) 기능과 FRAM모델

[표 9.20] 〈신청인에게 자금이체〉의 FRAM 표현

| 기능명칭 | 신청인에게 자금이체 |
|---|---|
| 설명 | 이것은 금융기관(은행)에 의해 실행되는 기능이다. |
| **측면** | **측면 서술** |
| 입력 | 승인된 금액 |
| 출력 | 대출 |
| 전제조건 | 신청인이 승인되었다. |
| 자원 | '초기 규정 없음' |
| 제어 | '초기 규정 없음' |
| 시간 | '초기 규정 없음' |

이 분석은 특정한 사건이기보다 일반적인 금융 시스템을 검토하는 것이기 때문에, '자연스러운' 출발점이라는 것은 존재하지 않으므로, 무엇인가 하나를 선택하여야 한다. 본 예에서는, <신청인에게 자금이체>라 불리는 기능으로 한다. 이것은 금융시스템의 본질적인 기능이며, 어떤 의미로는 그 존재의 이유이기도 하다. 이 기능에서 시작하여 제5장에서 설명된 바와 같이 FRAM모델이 적용 가능하다. 앞서 서술한 바와 같이 자금이체를 시작할만한 것이 명확히 이 기능에 대한 입력이다. 또한 대출이라는 것이 신청하면 누구라도 간단하게 인정받을 수 있는 것이 아니기 때문에, 적어도 전제조건이 하나 있다. 이체될 자금을 제공하는 자원도 있을 것이며, 처음부터 서술할 필요는 없지만 자금이체를 규제하는 시간과 제어에 대한 입력도 가능할 수 있다.

<신청인에게 자금이체>에 대한 서술은 세가지 다른 기능의 존재를 나타낸다. 하나는 특정한 입력기능 [승인된 금액]을 규정하기 위해 소용되고, 두 번째는 전제조건 [신청인이 승인되었다]로 소용되며, 세 번째는 출력기능 [대출]의 수혜자로 대출자가 요구된다. 두 가지 상류기능은 더 상세하게 서술되어야 하지만, 세 번째는 배경기능 또는 <구매> 기능같이 상술할 필요 없이 생략 가능한 기능으로 편리하게 가정한다. 초래된 [승인된 금액] 기능은 <자금을 제공한다>라는 기능에 의해 [표 9.21]과 같이 나타낼 수 있다.

<자금을 제공한다>는 기능의 서술은 세 가지 다른 기능의 존재를 나타낸다. 첫 번

[표 9.21] 〈자금을 제공한다〉의 FRAM 표현

| 기능명칭 | 자금을 제공한다. |
|---|---|
| 설명 | 이것은 금융기관(은행)에 의해 실행되는 기능이다. |
| 측면 | 측면 서술 |
| 입력 | 대출 신청의 승인 |
| 출력 | 승인된 금액 |
| 전제조건 | '초기 규정 없음' |
| 자원 | 경제적 자원 |
| 제어 | 위험 관리 지침 |
| 시간 | '초기 규정 없음' |

째는 입력기능 [대출 신청의 승인]을 규정하기 위해 요구되며, 두 번째는 자원 [경제적 자원]을 위해, 그리고 세 번째는 제어 [위험 관리 지침]을 규정하기 위해 요구된다. 출력 [승인된 금액]은 이미 다른 기능에서 서술되었다.

간결하게 하기 위해, 자원기능 [경제적 자원]은 이 예에서는 상세히 기술할 필요가 없는 배경기능의 출력이라고 가정한다(그러나 최근의 금융 위기가 보여주었듯이, 기능은 변동할 수 있다는 것이 명백하다).

<신청인에게 자금이체>는 신청인 신용도의 충분한 평가여하에 달려있다. 이것은 하기에 서술된 <신용 위험 평가>라는 기능으로 표현할 수 있다.

[표 9.22] 〈신용 위험 평가〉의 FRAM 표현

| 기능명칭 | 신용 위험 평가 |
|---|---|
| 설명 | 이것은 금융기관(은행)에 의해 실행되거나, 특별한 서비스 기관에 의해 이루어지는 경우도 있다. |
| 측면 | 측면 서술 |
| 입력 | 대출 신청의 승인 |
| 출력 | 신청인이 승인되었다. |
| 전제조건 | '초기 규정 없음' |
| 자원 | '초기 규정 없음' |
| 제어 | 위험 관리 지침 |
| 시간 | '초기 규정 없음' |

[표 9.23] 〈프로세스 신청〉의 FRAM 표현

| 기능명칭 | 프로세스 신청 |
|---|---|
| 설명 | 이것은 금융기관(은행)에 의해 실행되는 기능이다. 대출 신청에 응하여 실시하는 행정 절차이다. |
| 측면 | 측면 서술 |
| 입력 | 대출 신청 |
| 출력 | 대출 신청의 승인 |
| 전제조건 | '초기 규정 없음' |
| 자원 | '초기 규정 없음' |
| 제어 | '초기 규정 없음' |
| 시간 | '초기 규정 없음' |

<자금을 제공한다>와 <신용 위험 평가> 모두 다른 두 가지 기능의 존재를 나타낸다. 첫 번째는 입력기능 [대출 신청의 승인]을 규정하기 위해 소용되고, 반면 두 번째는 제어기능 [위험 관리 지침]을 규정하는데 소용되며, [표 9.23]과 같이 서술할 수 있다.

예를 들어, 시간이나 제어 측면에 대해 보다 깊게 생각하여 전개하는 것은 분명히 가능은 하지만, 사례를 간결하게 유지하기 위해 이 기능은 이른바 '그 자체로 성립한다.' <위험 관리> 기능에 대해서도 마찬가지이다. 그러므로 양쪽 모두 우선은 배경기능으로 취급된다.

이 간소화된 FRAM모델조차도 기능간의 몇 가지 결합 가능성을 보여준다. 이와 같이 수요는 경제적 자원뿐만 아니라 신청인의 위험 평가의 제공도 접할 수 있다. 신용

[표 9.24] 〈위험 관리〉 FRAM 표현

| 기능명칭 | 위험 관리 |
|---|---|
| 설명 | 이것은 금융시장의 공적(국가적 또는 국제적) 규제 기관에 의해 실행되는 기능이다. |
| 측면 | 측면 서술 |
| 입력 | '초기 규정 없음' |
| 출력 | 위험 관리 지침 |
| 전제조건 | '초기 규정 없음' |
| 자원 | '초기 규정 없음' |
| 제어 | '초기 규정 없음' |
| 시간 | '초기 규정 없음' |

위험 평가의 만족할 만한 결과가 있다면, 필요자원의 이용 가능성은 신청인에게 자금 이체를 위한 '신호'가 될 수 있다. 결국 자금제공과 신용 위험 평가 모두 독립된 위험 관리에 의해 인도되거나 제어된다.

결합은, 원인과 결과면에서가 아니라 변동의 전파면에서, 기능이 어떻게 서로 영향을 미칠 수 있는지를 서술한다. 예를 들어, <신용 위험 평가>가 만족스럽게 작동하지 않는다면(가령, 예상 또는 감시기능이 제대로 작동하지 않는다면), <자금 이체> 기능은 악영향을 받을 수 있다.

### 3) 변동요인

최근 일어난 일이 보여주듯이, 그리고 어느 정도는 계속 나타나듯이, 금융 시장이 어떻게 움직이는지에 대한 많은 변동성이 있다. 혹자는 금융 시장이 다른 시스템과 달라서 작동하는지 작동하지 않는지의 관점에서 실패를 논할 수는 없고 얼마나 효과적인지 수용 가능한지 정도의 관점에서 그 시장의 실패를 논할 수 있다고 얘기할 수 있다. 금융시장은 기능 장애가 될 수 있지만, 되돌릴 수 없는 상태에까지 이른다는 의미에서 'Herald of Free Enterprise호'와 같이 전복되지는 않는다(그러나 동일한 일은 개별기업에는 해당되지 않는다).

### 4) 내적변동

기술적 변동에 대해서, 2010년 5월의 '주식 폭락'은 있었지만 기술적 기능의 변동은 낮다는 기정 추정(default assumption)에 머물러야 한다. 인적 기능의 내적 변동은 크고, 그것은 주로 심리적 요인에 따른다고 가정된다(이것은 대출과정 같은 일상적인 예조차 그렇다). 수행 변동성의 한 요인은 인지적 균형에 의존하는 경향이 확실히 있다. 조직적 기능의 변동은 아마도 '보통' 상태에서는 낮고, 조직이 개인적 변동의 조절장치 혹은 감쇠장치의 역할을 할 수 있도록 조직이 허용되어야 한다. 그러나 금융기관의 내적기능이 때때로 혼란할 때 변동성은 높을 수 있다.

### 5) 외적변동

외적 변동에 관한 한, 이것은 인적 기능과 조직 기능에 배타적으로 영향을 미친다. 개인의 대출신청 과정뿐만 아니라 금융기관의 전체 대출 업무를 관리하는 것은, 다수의 외적인 요인에 의해 영향을 받는 민감한 관리사례가 될 수 있다. 이러한 것들은 부분적으로 예측 불가능하거나 알려지지 않은, 매우 경쟁적인 환경, 장·단기적으로 시장이 어떻게 전개될지에 대한 불확실성, 그리고 금융시스템의 제어범위 밖에 있는 '비합리적'인 심리적 요인에 대한 의존성과 정치적전개 등의 시장역학을 포함한다.

### 6) 상·하류의 결합

금융 시스템에 있어서, 변동요인은 가장 중요한 것이라고 간주된다. 금융 시스템은 상당한 난기류 환경에서도 기능하여야 하며, 그렇게 하는 것이 곧 그 환경에서 무엇이 일어나는지를 상당 부분 결정할 것이다. 이 의미는, 금융 시스템의 모델은 여기에서 이용된 사례보다 상당히 클 것이라는 의미이다. 자원, 제어, 시간 측면의 기능들에 영향을 미칠 수 있는 많은 의존성 또는 결합 관계가 다수 존재하며, 그것 때문에 용이하게 불안정한 역학관계로 이어진다. 금융 시스템은 그것과 상호작용을 하는 사회와 분리된 것으로 볼 수 없다는, 타당한 이유와 함께 실제로 주장할 수 있다.

<자금을 제공한다> 기능은 초기에는 변동한다고 가정되지 않은 유일한 기능이다. 그 이유는 기본적으로 이것은 행정상의 기능이고, 거기에 승인된 신청은 경제적 자원으로부터 [승인된 금액]을 만들었고 <이체 기능>에 자금을 이체하는 계기가 되었다.

**[표 9.25] 금융 사례의 출력 변동**

| 기능 | 출력 | 출력의 변동 |
|---|---|---|
| 신청인에게 자금이체 | 대출 | 너무 빠름, 신용위험평가가 완료되기 전에, 긍정적일 것이라는 예상으로 대출이 이루어짐 |
| 신용위험평가 | 신청인이 승인되었다. | 부정확, 신용위험평가를 신뢰할 수 없다. |
| 프로세스 신청 | 대출 신청 승인 | 부정확, 신청은 충분한 정밀조사 없이 승인될 수 있다. |
| 위험 관리 | 위험 관리 지침 | 부정확, 지침은 너무 모호하거나 위험관리의 모든 측면을 보호하지 못할 수 있다. |

### 7) 모델의 구체화

이 사례는 이미 일어난 사건이 아닌, 장래의 있을 수 있는 상황을 서술하고 있으므로, 기능변동의 가정에 따른 한계가 있다. 한 가지 접근방식은 분석적인 입장을 취하여, 각 기능의 잠재적 변동이 어떻게 실제의 변동으로 될 수 있는지를 검토하는 것이다. 이것은 앞에서 말한 모델의 첫 번째 반복전개에서는 관리할 수 있지만, 30~40가지 이상의 기능을 포함하는 보다 상세한 버전에서는 그다지 매력적이지 않을 수 있다.

다른 접근방식은, 가장 최근의 예로 제한하지 않고 주요한 금융위기로부터 배운 교훈을 주시하는 것이다. 여기서 경험적으로, <위험관리> <신용위험평가> <프로세스 요청> 등 같은 기능의 수행은 거의 상징적인 기능이 될 정도까지 매우 많이 변동할 수 있다는 것을 보여준다.

참고용으로, FRAM모델의 첫 번째 반복전개의 구체화를 하기 [그림 9.3]에 나타내었다.

금융 시스템의 효과적인 수행은 그렇게 신중하지 않는 한 대출이 제공되지 말 것을 요구한다. 이것은 신용위험평가가 의도된 대로 돌아가고, 자금의 이체도 의도된 대로 돌아간다는 것을 의미한다. 그러나 신용위험평가가 너무 변동하게 되면(예를 들어, 너무 중요성이 없으면) 대출이 이루어져서는 안 될 때 승인될 것이다. 이는 원칙적으로

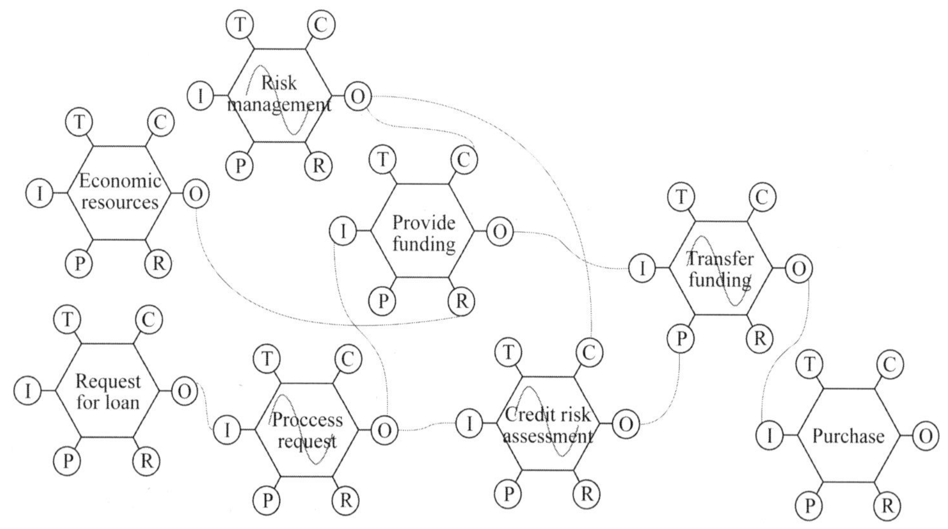


[그림 9.3] 금융 사례의 FRAM모델의 전개

위험관리(규제자)에 의해 포착될 수 있지만, 그들의 수행 역시 충분히 완전하거나 엄격하지도 않다는 의미에서 변동한다면, 자금 흐름은 증가하기 시작할 것이다. 이것은 잠재적으로 제어불능의 상황을 초래할 수 있다(승인된 대출의 용이함과 대출신청 규모 사이에 결합이 존재하게 되지만, 이것은 단순한 비례관계가 아닌 사회의 안전성, 경기의 전망, 과거 수년간의 안정성 등 같은 다른 요인들과의 관계를 포함하고 있다).

대출의 증가는 자금 제공에 더 쉬운 접근을 필요로 할 것이다. 따라서 이 모델의 두 번째 반복전개에서는 <자금 공급> 기능과 이것이 어떻게 변동하는지를 상세히 부연하여야 한다. 최근의 금융 위기는 몇 가지 시사점을 쉽게 제공한다. 금융 시장이 매우 불안정함으로 시간 기능의 보다 상세한 설명이 중요해질 것이다. 지면 상의 이유로 여기에서는 그렇게 설명할 수는 없지만, 금융 시장이 어떻게 기능하는지, 특정 시나리오에서 수행 변동성이 어떻게 유발하는지에 대한 이해를 FRAM이 어떻게 제공할 수 있는지를 보여줌으로써 본 예시가 그 목적이 이루어졌기를 바란다.

## 4 사례에 대한 논평

앞에서 언급한 세 종류의 사례에서는 사건, 사고, 그리고 있을 수 있는 장래의 위험에 대해 논의하였으며, 그 중 두 가지는 이미 잘못된 것이고 한 가지는 잘못될 수 있는 것이다. 그러므로 독자들은 왜 '평범한 사안'의 예는 없는 것인지, 위험이나 불확실성과 관계없는 사례는 없는지를 물을 것이다.

물론, FRAM은 시스템이 어떻게 실패를 할 수 있는지 보다 시스템이 어떻게 작동하는지를 서술하거나, 혹은 예를 들어 생산성이나 품질에 관해 시스템의 기능이 개선될 수 있는 방법을 찾기 위해 이용되는 것을 배제할 이유는 없다. 실제로 그렇게 하는 것이 Resilience Engineering의 정신에 있어 더없이 완전한 것이다. 세 종류 사례 중 어느 것에도 그 초점이 없었던 이유는 단순히 편리성 때문이다. 즉, 잘된 일보다 잘못된 일을 서술하는 편이 훨씬 쉽기 때문이다.

그렇기는 하여도, 세 종류 사례 모두의 FRAM모델은 일상의 수행도 모델이라는 것을 지적해야 하며, 따라서, 그 목적에 이바지하기 위하여 각 시스템이 어떻게 기능하는지 혹은 어떻게 기능해야 하는지를 서술하는 것이다. 구체화는 무엇인가 실패했거나 실패할 수 있을 때의 상황이나 조건이지만, 모든 기능이 제대로 되어있는 상황이나 조건의 구체화를 만드는 것도 동일하게 가능하다. 단지 안전만이 아니라 생산성과 품질에 대해 생각하는 근거로써 이것이 이용될 수 있으며, 다시 말하자면 FRAM모델은 Resilience에 대한 가장 일반적인 형태이다.

## 제9장 논평

세 종류의 사례 설명은 전체로든 부분으로든 FRAM 분석뿐만 아니라 기존의 설명을 이용하도록 만들었다.

'duk i buk' 의료 사례는 Helen Alm의 이학석사 논문에 서술된 것이며, 또 Alm, H. and Woltjer, R.(2011), Patient safety investigation through the lens of FRAM, in D. de Waard, A. Axelsson, M. Berglund, B. Peters and C. Weikert(eds.), *Human Factors : A System View of Human, Technology and Organisation*, Maastricht, the Netherlands : Shaker Publishing에 서술되었다. Helen Alm이 자신의 작품을 사용하도록 허락하여 준 것에 대해 고맙게 생각한다.

'Herald of Free Enterprise호'의 사고는, Lord Justice Sheen에 의한 공식조사를 포함하여 다수의 검시 해부의 대상이 되었다. FRAM분석에 대해서는, Praetorius, G., Lundh, M. and Lützhöft, M.에 의해 2011년 6월의 제4회 Resilience Engineering 심포지엄에서 발표된 자료 'Learning from the past for pro－activity－are－analysis of the accident of the MV Herald of Free Enterprise'를 이용하였고, 또한 Gesa Praetorius와 Margareta Lützhöft의 조언이 유익했다.

금융위기의 사례는, Sundström, G. A. and Hollnagel, E.(eds.) (2011), *Governance and Control in Financial Systems : A Resilience Engineering Approach*, Farnham, UK : Ashgate에서의 보다 광범위한 논의를 근거로 한다. Gunilla Sundström은, 나에게 금융 세계가 어떻게 돌아가는지를 이해시키고자 최선을 다해 주었다.

본 장에서 언급된 '주식 폭락(Flash Crash)'은 2010년 5월 6일 단 몇 분 사이에 다우존스 산업평균지수가 약 900포인트 급락한 후 회복된 일을 말한다.

CHAPTER

# 10 보 충

우리는 여러 결과물을 하나의 원인 탓으로 돌리는 것에
너무 익숙하고, 대부분의 논쟁은 그것으로부터 생긴다.
_마르크스 아우렐리우스

## 1 FRAM : 모델이 아니고 기법

기법이라는 것은 다룰 수 있는 현상의 현저한 특징을 요약하는 일련의 기본 원칙을 항상 구현하는 것이다. 그 기법이 기본이 된 원리는 모델로써 직접적으로 서술될 필요는 없지만, 그럼에도 불구하고, 특히 안전연구 —사고조사와 위험평가에서는 흔히 있는 일이다. 모델은 사고가 어떻게 일어날 수 있는지 또는 설명된 시스템이 어떻게 체계화되어 있는지— 대체적으로 단계, 부분, 요소를 포함하는 일종의 계층적 구조 관점에서 단순화된 표현이다. 모델은 기법이 무엇을 위해 사용될 수 있는지를 규정하기 때문에 그 기법의 한계도 규정한다.

기본원칙은 때로는 명확하게 설명되기도 하지만 당연하게 생각되는 경우가 더 많다. 그것은 '일반상식'이거나 의문을 갖게 하는 생각은 고사하고 오랫동안 사용되어 더 이상 원칙으로 여겨지지 않기 때문이다. 기법 배후의 원칙이 설명될 때조차 그 설명이 항상 명확하지 않다. 가령 근원분석(RCA)에 대한 다음의 표현을 생각해 보자.

> RCA는 시스템과 사건이 상호 연관되어 있다고 가정한다. 어떤 한 분야의 행위는 다른, 그리고 또 다른 분야의 행위를 일으킨다. 이러한 행위를 거슬러 올라가면 어디에서 문제가 시작되었으며 당신이 지금 직면하고 있는 상황으로 어떻게 발전하였는지를 발견할 수 있다.

이를 산업안전의 제1원칙(First Axiom)과 비교하면 흥미롭고, 거기에는 '재해의 발생은 언제나 완전한 요소들의 연속이 원인이며—이러한 요소의 마지막 하나가 사고 그 자체이다'라고 밝혔다. 유사성이 눈에 띈다. 첫 번째 넘어지는 도미노 조각은 근본 또는 근원을 나타내고 마지막 도미노 조각은 최종 결과 또는 재해를 나타내는, 사건은 원인과 결과의 연쇄반응으로 전개되는, 도미노 모델의 사고방식과 RCA는 이처럼 잘 맞는다.

오늘날 도미노 모델은 도미노 조각이 단지 실패할 수 있는 어떤 것을 나타낸다는 면에서 오히려 막연하게 사용되고 있는 반면, 초기 도미노 모델은 각각 '발단', '사람', '위험', '사고', '재해'로 불린 5가지 상이한 조각으로 규정했다. 또한 사고조사는 '재해'로 시작하여 '발단' 단계에 도달하기까지 단계적으로 거슬러 올라가 어떻게 실행되어야 하는지에 대해서도 규정하였다. RCA는 5개의 상이한 단계(즉 5개의 다른 도미노 조각)를 가정으로 보지 않기 때문에 제약은 적다. 한편 이것은 어느 단계에서 '근원'을 찾았는지–즉 무엇이 분석의 정지규칙인가에 대해 좀 더 임의적이다.

물론 기법이 명확한 모델을 나타낸다면 그것은 중요한 이점이 될 수 있다.

그러한 기법은 세계가 어떻게 구성되고 체계화된 것인가에 대한 일반적인 설명을 제공함으로써 안전 분석을 단순화한다. 만약 그 설명이 옳다면 분명 많은 시간을 절약한다. 그러나 만약 옳지 않다면 그 기법은 애매하고 부적절하거나 곧바로 틀린 결과를 초래할 수 있다.

## 2 강력한 모델에 의존하는 기법

상술한 점은 비교하기 만만해서가 아니고 가장 잘 알려져 있다는 이유로 선택된 세 가지 기법을 자세히 살펴보는 것으로써 설명될 수 있다. 각 기법은 사고가 어떻게 일어났는가에 대해 명확한 모델을 제공하며, 각 모델 겸 기법은 강점뿐만 아니라 약점도 있다.

## 1) AcciMap

AcciMap기법의 목적은 사고를 일으킨(또는 방지하는 것을 실패한) 요인을 찾는 것이다. AcciMap은 사고의 가능한 원인을 최상위의 '정부, 정책, 예산분배'로 부터 최하위의 '설비와 환경'까지 6단계로 나타내고 있다. AcciMap 분석기법은 정부, 규제, 사회적 단계에서의 원인까지 잘 어울리는 사건과 활동의 물리적 순서로부터 시작하여, 사고가 일어난 시스템의 모든 단계에서 원인 요소를 찾으려고 한다. 이 기법은 '사고해부학'의 개념을 나타내며, 근본원인으로부터 목표 또는 피해가 되는 사건에 이르는 5단계를 거친 일종의 간소화된 고장수목(fault tree)인 것이다. 70년의 기간에도 불구하고 도미노 모델과의 유사성은 분명하다. 도미노 모델과 AcciMap의 주요한 차이점은 후자가 계층의 단계로써 설명된 보다 큰 사회 기술적 시스템을 나타낸다는 것이다.

AcciMap분석의 목적은, 개개의 노출된 원인에 대해 반복적으로 '왜'라고 묻는 것으로써, 발생한 사건의 순서 내에서 광범위한 상황적 문맥의 이해를 높이기 위한 것이다. 이 점에서 AcciMap분석은 why－because 기법 또는 RCA와 같은 다른 많은 기법들과 유사하다. 6단계의 구성은 분명히 분석과 결과에 대한 그래픽 랜더링을 가능하게 하지만, 6단계로 제한되는 것과 사용 용어가 한정되는 것, 그리고 각 단계의 순서와 일치하지 않는 인과관계의 영향을 설명하기가 어려워짐에 따라 (엄밀하게 말하면 불가능하지는 않지만) 분석에 큰 제약이 따른다. 결국 6단계의 기본적인 모델은 일부 산업 시스템에는 그럴듯한 방법일지 모르지만, 일반적으로 적용되는 것으로는 상정될 수 없다.

## 2) Tripod

사고분석에 대한 Tripod 접근방식은 사건으로 이어지는 근본적인 문제를 대상으로 한다. Tripod 이론은, 직접적인 원인(불안전한 행동, 사람들의 실수)은 독립적으로 생기는 것이 아니라 외적요인, 조직적 또는 환경적 전제 조건의 영향을 받는다는 것을 강조한다. 이러한 요인의 대다수는 사고현장에서 멀리 떨어져 있는 입안자, 설계자, 관리자에 의해 취해진 결정 또는 행동으로부터 비롯된다. 이러한 행동의 결과는 Tripod에서 잠재적 실패로 서술된다. 잠재적 실패는 그 유형에 따라 광범위하게 영향을 주는 것이 예측되기 때문에, 그것을 확인하고 다루는 것은 사고의 직접적인 원인(들)을 간단하게 확인하는 것보다 폭넓은 이익을 가져다 줄 것이다.

Tripod 사고분석은 초기에 사고 메커니즘(잠재적 결과를 포함하여 사건과 그 결과에 관한 사실)에 초점을 두고 준비되었어야 할 위험관리방안(제어와 방어)을 확인하기 위한 구조로써 사용한다. Tripod 이론에 따르면 사건은 위험관리방안이 실패하였거나 놓쳤을 때 생긴다. 그러므로 조사와 분석은 놓쳤거나 실패한 위험관리 방안의 배후에 직접적이며 잠재적인 실패를 검토하고, 그것들을 다루기 위한 행동 아이템을 제안한다. Tripod는 다수의 병렬시퀀스가 최종적인 결과를 산출하기 위해 결국 어떻게 병합할 수 있는지를 서술하는 순차적 모델을 알기 쉽게 구현한다. 또한 도형간 선으로 어떤 인과관계의 형태를 나타낸다는 면에서 인과모델이다.

## 3 STAMP

시스템 이론기반 안전사고모델 STAMP(Systems－Theoretic Accident Model and Processes)은 구성요소의 고장이나 기능부전의 결과이기보다 안전에 관한 제약사항의 부적절한 제어 또는 시행의 결과로써 사고를 설명하는 사고분석 기법이다. 이와 같이 AcciMap과 Tripod와는 명확히 다르다. STAMP은 안전을 제어의 문제로 보고, 내부적 또는 외부적 사건이나 외란(disturbances)이 적절하게 대처되거나 제어되지 않았을 때 사고가 일어난다고 본다. 이는 안전 제약에 의해 암시되거나 규정된 안전 상태를 넘어 시스템을 움직일 수 있고, 그 제약은 비 위험 또는 안전한 시스템상태를 구성하는 시스템 변수나 요소간의 관계를 특정짓는다. 안전은 어떤 환경 내에서 상호작용하는 시스템 요소로부터 일어나는 발현적 요소로써 상응하여 보여진다. STAMP은 안전이 어떻게 제어되는지에 대한 동적 구조를 강조하고, 시스템을 정적 구조로는 보지 않는다.

그렇기는 하지만 STAMP은 시스템이 일반적으로 어떻게 구조화 되었는지에 대한 다수의 가정을 요약한 시스템 이론 모델을 기본으로 하는 선형인과 분석기법이다. 이 모델은 구성요소간 예기치 못한 상호작용을 이해하고 표현하는 기준으로써 요소가 어떻게 조직(계층 구조적으로)되는지를 나타낸다. 계층구조에서 한 단계의 요소군으로부터 발현되는 특성은 그 요소들의 자유도(degree of freedom)를 제약하는 것에 의해 제어되고, 그러한 이유로 시스템 행위를 그 제약조건에 의해 함의되는 안전한 변화와 적응이 되는 방향으로 제한하게 된다.

## 1) 명시화된 모델? 명시화된 방법?

이 토론에서 보여준 것처럼, 모든 안전분석 기법은 모델을 참조하고 대부분의 기법은 연관모델을 참조한다. 이것의 이점은 기법이 기본적으로 모델의 관점에서 사건관련 내용과 모델 요소와의 연결 또는 사건의 이해 —과거나 미래— 방법을 규정한다는 것이다. 과거사건은 모델(단계, 계층, 관계, 요소)의 가정을 적용하여 설명된다는 면에서 모델을 기준으로 작성되고, 유사하게, 미래사건은 모델에 구체적인 세부사항과 그 결과에서 비롯되는 것에 부가하여 전개된다.

모델과 기법과의 차이는 FRAM과 상기 언급된 세 가지 접근 방식을 비교하여 명확하게 볼 수 있다.

- AcciMap은 기본적으로 원인의 추상계층, 즉 '설비와 환경'에서 '정부, 정책, 예산분배'에 이르는 6단계 범위로 구별되는 모델을 나타낸다. 이 모델을 사용하여 사고 및 기타사건을 분석하고, 근본적으로는 모델을 기준으로 사건을 작성한다.
- Tripod의 목적은 능동적 잠재적 실패 및 역기능적 장애물을 이용하여 사고가 어떻게 발생하는지를 설명하기 위한 것이다. 이처럼 Tripod는 사고에 대한 특정 설명을 암시하며, 또한 원인의 전파(causal Propagation)에도 의존하고, 실패와 고장의 근원을 찾아낸다.
- STAMP의 포괄적인 버전은 두 계층적 제어구조로 구성된 사회-기술적 제어의 모델이며, 하나는 시스템 개발을 위한 것이고 다른 하나는 시스템 운용을 위한 것 일뿐만 아니라 그들간의 상호작용을 위한 모델이다. 두 계층은, AcciMap에 의해 사용된 것과 유사하게, 최하위층 운용과정으로부터 최상위층의 정치적 의사결정까지 가는, 근본적으로는 추상 계층이다. 이 기법은 이러한 제어구조 면에서 실제사건을 서술하기 위해 사용된다.

사고분석에 대한 다른 대부분의 접근방식과 같이, 세 가지 경우 모두에 있어 기본적인 모델은 일련의 관계를 규정하거나 설명하는 반면, 관련된 기법은 그러한 관계에 관한 사건을 해석하는 방법을 제공한다. 그 관계는 일반적으로 인과 관계(결과를 초래하는 원인이나 원인에 의해 선행되는 결과)의 원칙을 적용하고, 그 원인들은 일반적으로 구성요소나 기능, 제어 등의 실패나 고장이다. 모델은 '특정 분야의 세계'를 명확하게 구조화하여 표현하는 것이기 때문에 기법은 일반적으로 단일 또는 복수의 원인-결과 통로를 가진 선형 구조이다.

이러한 접근방식에서, 실제로 모델은 사건에 대해 사전에 해석상의 구조를 부과한다. 그러므로 분석 결과의 가치는 확인되고 입증되었는지 그 모델의 정확성에 달려있다. 정확성 문제는, 부정확한 가정을 가진 모델은 시간이 지나면서 소멸된다는 사실에 의해 실제로 해결된다는 것을 보여주며 가능한 기대까지 하게 한다.

그러나 많은 예로 인해 입증된 것처럼 일반적으로 편리하고 임시로 보충한 가정을 소개함으로써 그러한 차이를 설명하는 것에 사람들은 능숙해져 있다.

실제 일상에서 단기적으로는, 유기적 연관모델의 이점은 그 모델이 부정확하다고 하더라도 관련된 기법의 효율성에 있다. 증가된 효율성은 가끔 결점들보다 더 크게 되고, 특히 간소화된 모델의 가정 결과인 완전성의 결여가 된다. 다른 많은 곳에서처럼 여기에도 ETTO원리가 적용되지만, 장기적으로는 정반대의 균형이 더욱 중요하다.

일반적으로 사용되는 기법이 모델로부터 유래된 관계를 설명하려 하고, 따라서 모델 겸 기법인 접근방식을 나타내는데, FRAM은 그것과는 반대의 일을 하는 것으로 설명할 수 있다. FRAM은 특정기능을 미리 규정하거나 특정방법으로 체계화되어 있다고 가정하지 않고, 일상의 사건이나 활동이 거기에 포함된 기능에 의하여 설명될 수 있는 것을 제안한다. 더욱이 FRAM은 6가지 측면을 이용하여 기능이 특징지어지지만 다른 측면으로 이용되는 것도 배제하지 않는다. FRAM은 어떤 한 모델이나 비선형을 나타내는 것이 아니며, 조사대상인 시스템이 어떻게 구조화되었거나 체계화되었는지, 또는 가능한 원인과 인과관계에 대하여 어떤 가정도 하지 않는다. 이와 같이 FRAM은 기법을 만들기 위한 모델이 아니라 모델을 만들기 위한 기법을 이용하며, 따라서 모델 없는 기법의 접근방식으로 설명될 수 있다.

FRAM은 제3장에서 언급된 4가지 원칙에 근거하지만 어떤 감춰진 가정도 없다. 즉,

FRAM이 생성한 모델 간 어떤 공통점이 있다고 해도 그것은 단순히 상황 또는 경우가 유사한 것에 불과하다는 의미이다. 주어진 어떠한 기술적 문명, 과정, 산업들 내에서 구축되고 운용되는 방식에서는 매우 유사할 것이며, FRAM모델은 불가피하게 그것을 반영한다. 그러나 모델간의 유사성은, 계층구조의 단계나 인과관계 의존성 등과 같은, 기법 겸 모델의 접근방식 같은 상정모델의 결과는 아니다. 실제로 FRAM의 주 목적은 전통적 의미에서 시스템의 모델이라기보다 일련의 활동이 어떻게 실행되는지(또한 그 모델로부터 어떻게 구체화를 만드는지)에 대한 모델을 구축하는 것이다. 그 모델의 개발과정은 그 스스로에 의거하여야 하기 때문에, 이 또한 그 기법은 다른 대부분의 기법들보다 더 자세하게 되어야 한다는 것을 의미한다.

FRAM의 장점은 상술한 바와 같이 빈틈이 없는 반면, 단점은 FRAM을 사용하기에 더 많은 일 또는 노력이 필요하다는 것, 그러므로 종래의 기법들보다 효율성이 더 낮아 보인다는 것이다. 그러나 ETTO원리에 대해 돌이켜보면 효율성과 완전성 간의 균형은 시간이 얼마나 소요되는지에 크게 의존한다. 단기적으로는 더 효율적인 것이 ―더 빨리 할 수 있기 때문에― 결국에는 완전성이 더 떨어지므로 사실상 효율적이지 않게 된다는 사실이다. 완전성이 떨어진다는 것은 준비가 안 되었다는 의미이며 나중에 더 많은 노력이 필요하게 될 것이므로 효율성이 감소된다.

FRAM은 사건이 어떤 특정한 방식에서 생긴다는 것을 시사하지 않고, 미리 정해진 구성 요소나 독립체, 관계 등이 설명의 한 부분이 되어야 한다는 것도 시사하지 않는다. 그 대신 포함된 기능면에서 무엇이 일어나는지를 설명하는데 초점을 둔다. 이러한 것은 목적을 달성하거나 활동을 이행하기 위해 무엇이 필요한가라는 것에서 유래하였으므로 설계된 작업(work－as－imagined)보다는 실행된 작업(work－as－done)의 설명으로부터 파생되었다. 그러나 기능은 선험적으로 규정된 것이 아니고 계층구조와 같이 미리 정해진 방식에서의 불가피한 순서도 아니다. 그 대신 기능은 개별적으로 서술되며 기능간의 관계는 기본모델의 가정에 의한 것이라기보다 경험적으로 자리 잡은 기능 종속성(상·하류 결합)에 의해 규정되는 것이다.

## 4 규모의 불변성

FRAM 특징 중의 하나는 기능의 설명이 척도불변적인 것이다. 이는 기본적으로 큰 척도이든 작은 척도이든 그 현상을 일으키는 과정은 같은 종류라는 것을 의미한다(가장 많이 알려진 척도불변성의 예는 프랙탈 기하학이다). 예를 들면, 만약 우리가 실패의 관점에서 사물을 본다면, 높은 수준의 실패이든 낮은 수준의 실패이든 차이가 없을 것이다. —특히 FRAM모델에서는 그러한 수준은 없기 때문이다. 분명히 인적 실패이론과는 다른 조직적 실패이론을 가질 필요는 없을 것이다.

위에서 설명한 세 종류의 예와 같이, 일반적으로 사용된 접근방식은 척도 불변성이 많지 않다. 그들은 추상적 계층을 나타내기 때문이다. 추상적 계층의 암시적 결론은 계층이 다르면 과정이 다르고— 그러므로 실패도 다르다는 것이다. 모델의 구조는, 최상층과 최하층이 있고 그 중간에 많은 층이 있는, 척도를 내세우기 때문에 당연히 그 모델은 척도 불변이 될 수가 없는 이유이다.

한편, 기법은 어떤 일반원칙에 근거하고 있으며 특정 모델과 관련되어 있지 않다면 척도불변이 될 수 있다. 척도불변성의 명확한 이점은 기법의 단순성과 설명의 간결함이다. 아마도 후자가 가장 중요하다. 사용하기 복잡하고 분석의 깊이와 넓이를 인위적으로 제약해 버리는 대규모 범주(분류체계 조차)의 필요성을 제거하기 때문이다.

### 제10장 논평

근원분석(RCA : Root Cause Analysis)은 그 이름이 나타내는 것과 같이 근원이 수정되면 문제는 재발하지 않는다는 가정에 근거하여 문제의 근본원인(또는 원인군)을 찾을 목적으로 하는 사고분석 기법이다. 이 기법에는 많은 형태가 있지만 모두 동일한 원칙을 따른다. RCA는 단순하고 동질의 활동에는 광범위하게 사용되고 있지만, 결코 단순하지 않은 대상에는 부적당하다.

산업안전의 10원칙(The 10 Axioms)은 Heinrich, H.W.(1959), Industrial Safety(4th edn), New York : McGraw-Hill에 서술되었다. 이 책이 최초로 출판된 것은 1931년이며, 사고 원인에 대한 유명한 도미노 모델도 여기에 설명되었다.

AcciMap은 문자 그대로 사고의 지도를 의도한 것이였지만, 현재는 연관된 기법도 포함하여 일반적으로 사용되는 용어이다. 최초의 설명은 Rasmussen, J. and Svedung, I.(2000), Proactive Risk Management in a Dynamic society, Karlstad, Sweden : Swedish Rescue Services Agency에서 찾아볼 수 있다. 이 기법의 효시 중 하나는 소위 '사고 해부학'이며 Green, A. E.(1988), Human factors in industrial risk assessment - some early work, in L. P. Goodstein, H. B. Andersen and S. E. Olsen(eds), Task, Errors and Mental Models, London : Taylor & Francis에 설명되었다.

Tripod 접근방식은 James Reason의 작품에서 근거한다. 반응적(reactive) 버전과 예방적(proactive) 버전이 있으며, 각각 Tripod Beta와 Tripod Delta로 불린다. Tripod는 Reason, J., Shotton, R., Wagenaar, W. A., Hudson, P.T. W. and Groeneweg, J.(1989), Tripod : A Principled Basis for Safer Operations, The Hague : Shell Internationale Petroleum Maatschappij에서 처음으로 설명되었다. STAMP(Systems-Theoretic Accident Model and Processes)에 의한 접근방식은 Nancy Leveson에 의해 개발되었다. 콜로라도주 덴버에서 개최된 시스템 안전사회 국제회의에서 '사고 시스템 모델'이라는 제목의 논문으로 2002년에 처음 발표되었다.

FRAM자체는 초기에는 기능공명 사고모델(Functional Resonance Accident Model)로 불리었고 2004년부터는 '장애물(Barrier)'이라는 책자에 서술되었다.

그러나 곧 FRAM은 모델이라기보다 기법으로 바뀌었고, 따라서 머리글자의 의미가 바뀌었다. FRAM은 특정한 데이터구조를 제안하기 때문에, 소프트웨어 엔지니어링 관점에서는 아직도 모델로 간주될 수 있지만, 안전연구에 관심을 가진 모델같은 것은 아니다.

CHAPTER 11

# FRAM을 FRAM하다

'말도 안 되는 소리'라고 토끼가 말했습니다.
'그래' Pooh는 겸손하게 말했습니다.
'말도 안 되는 소리였네.
그래도 시작했을 때는 그렇지 않았는데.
도중에 뭔가 갑자기 이상해졌어.'
_A. A. Milne, Winnie the Pooh

기법자체에 대해 본서에서는 1+4의 주요단계관점에서 서술되었다. 요약 또는 현실적인 지침의 형태로써, 이 기법의 각 단계를 하기에서 간결하게 서술하려고 한다. 그렇게 하기 위한 확실한 방법은 FRAM자체를 설명하기 위해 FRAM을 사용하는 것이다. 다시 말하면, 각 단계를 행위(또는 일련의 행위)라기보다 기능으로써 설명하는 것이다. FRAM의 주요원칙을 따르기 위해 서술은 그래픽보다 문장으로 진행한다. 독자는 상호보완적인 연습으로 FRAM을 그래픽랜더링 모델로 시도할 수 있다.

이하의 5가지 표에서 FRAM의 주요한 5가지 기능이 규정되었다. 각 기능은 다른 기능에 대해 언급하는 경우도 있지만, 지면 사정상 다른 기능까지는 전개하지 않는다. 그러나 주요한 5가지 기능의 설명은 FRAM자체를 FRAM분석할 수 있다는 것을 보여준다. 그렇게 하는 것이, 활동이 어떻게 실패할 수 있는지보다 어떻게 성공할 수 있는지를 보여주는 FRAM모델의 좋은 실례를 제공할 것이다.

[표 11.1] 단계 0 FRAM 설명

| 기능명칭 | 단계 0 : 분석의 목적과 범위를 결정한다. |
|---|---|
| 설명 | 초기단계에서 분석 장면을 설정한다. 다음 단계는 유사하지만, 필요성과 자원 등에 대해서는 다를 수 있다. |
| 측면 | 측면 서술 |
| 입력 | 사고/사건조사 요청 |
| | 위험평가/위험분석 요청 |
| | 일상의 수행을 이해할 필요성 |
| | 변화(설계, 개혁, 시정조치)의 가능한 효과를 평가할 필요성 |
| 출력 | 작업지시 |
| | 필요한 자원(시간, 직원, 데이터, 재료 등)의 추정 |
| | 잠정적인 분석/조사 일정 |
| 전제조건 | 이해관계자(들)의 분명한 지시 |
| 자원 | '초기 규정 없음' |
| 제어 | '초기 규정 없음' |
| 시간 | '초기 규정 없음' |

[표 11.2] 단계 1 FRAM 설명

| 기능명칭 | 단계 1 : 기능을 확인하고 서술한다. |
|---|---|
| 설명 | 이 단계는 조사대상 상황의 일상의 일에 요구되는 기능을 확인한다. |
| 측면 | 측면 서술 |
| 입력 | 작업지시 |
| | 대상 활동에 대한 세부 데이터 |
| 출력 | 대상활동의 FRAM모델 |
| | 단계 2에 필요한 자원추정 |
| | 조사/분석 일정 최신정보(1) |
| 전제조건 | 데이터 소스와 관련된 현장인원에 충분한 접근 |
| 자원 | FRAM의 전문지식 |
| | 주제대상(영역)의 전문지식 |
| 제어 | FRAM(기법자체) |
| | 모델의 일관성/완전성 확인 |
| 시간 | 잠정적인 분석/조사 일정 |

[표 11.3] 단계 2 FRAM 설명

| 기능명칭 | 단계 2 : 잠재적이고 실질적인 수행 변동성을 서술한다. |
|---|---|
| 설명 | 이 단계는 FRAM모델과 구체화(군)에서 각 기능의 잠재적이고 실질적인 변동을 평가한다. 일상의 변동뿐만 아니라 일어날 수 있는 과도한(범위 외) 변동의 경우도 검토해야 한다. |
| **측면** | **측면 서술** |
| 입력 | 대상활동의 FRAM모델 |
| 출력 | FRAM모델의 구체화(군) |
| | 조사/분석 일정 최신정보(2) |
| 전제조건 | '초기 규정 없음' |
| 자원 | FRAM의 전문지식 |
| | 주제대상(영역)의 전문지식 |
| | 일반적인 안전(인적요인) 경험 |
| | 가능한 한 특정 데이터/데이터베이스 |
| 제어 | FRAM(기법자체) |
| 시간 | 조사/분석 일정 최신정보(1) |

[표 11.4] 단계 3 FRAM 설명

| 기능명칭 | 단계 3 : 수행 변동성의 집약 |
|---|---|
| 설명 | 이 단계는 변동이 어떻게 증폭(공명) 또는 감소(감폭) 되는가를 이해하기 위한 기초로써, 상류와 하류 기능결합의 변동을 서술한다. |
| **측면** | **측면 서술** |
| 입력 | FRAM모델의 구체화(군) |
| 출력 | 주어진 구체화에 일어날 수 있는 결과의 평가 |
| | 조사/분석 일정 최신정보(3) |
| 전제조건 | '초기 규정 없음' |
| 자원 | FRAM의 전문지식 |
| | 주제대상(영역)의 전문지식 |
| | 일반적인 안전(인적요인) 경험 |
| 제어 | FRAM(기법자체) |
| 시간 | 조사/분석 일정 최신정보(2) |

**[표 11.5] 단계 4 FRAM 설명**

| 기능명칭 | 단계 4 : 변동을 제어하는 방법 제안 |
|---|---|
| 설명 | 이 단계는 모니터링(KPI), 장애물, 조력자를 포함하여 시정조치에 관한 제안사항을 개발한다. |
| **측면** | **측면 서술** |
| 입력 | 주어진 구체화에 일어날 수 있는 결과의 평가 |
| 출력 | 시정조치에 관한 제안 |
| | 수행지표(KPI)의 사양 |
| | 효과적인 제어전략 제안 |
| 전제조건 | '초기 규정 없음' |
| 자원 | 주제대상(영역)의 전문지식 |
| | 일반적인 안전(인적요인) 경험 |
| 제어 | 주제대상(영역)의 전문지식 |
| | 조직의 우선사항(사업전략) |
| 시간 | 이해관계자가 정한 기한 |
| | 조사/분석 일정 최신정보(3) |

안전시스템의 과거와 미래

## 안전 패러다임의 전환 II

**FRAM : the Functional Resonance Analysis Method**

**인쇄·발행** | 2016년 7월 5일 제1판 1쇄 인쇄
2016년 7월 8일 제1판 1쇄 발행

**지은이** | Erik Hollnagel

**감 수** | 함 동 한

**옮긴이** | 홍 성 현

**발행인** | 문 형 진

**발행처** | 세 진 사

㊎ 02859 서울특별시 성북구 보문로 38 세진빌딩
TEL. 02)922-6371~3, 923-3422 / FAX. 02)927-2462
Homepage : www.sejinbook.com
등록. 1976. 9. 21 / 서울 제307-2009-22호



값 17,000원

ISBN 978-89-7121-457-2